Sirajul Haq
Akram Shah
Amreen Shah

Síntese de nanopartículas de cobalto dopadas/não dopadas através da técnica biogénica

Sirajul Haq
Akram Shah
Amreen Shah

Síntese de nanopartículas de cobalto dopadas/não dopadas através da técnica biogénica

ScienciaScripts

Imprint
Any brand names and product names mentioned in this book are subject to trademark, brand or patent protection and are trademarks or registered trademarks of their respective holders. The use of brand names, product names, common names, trade names, product descriptions etc. even without a particular marking in this work is in no way to be construed to mean that such names may be regarded as unrestricted in respect of trademark and brand protection legislation and could thus be used by anyone.

Cover image: www.ingimage.com

This book is a translation from the original published under ISBN 978-3-659-54923-6.

Publisher:
Sciencia Scripts
is a trademark of
Dodo Books Indian Ocean Ltd. and OmniScriptum S.R.L publishing group

120 High Road, East Finchley, London, N2 9ED, United Kingdom
Str. Armeneasca 28/1, office 1, Chisinau MD-2012, Republic of Moldova, Europe
Managing Directors: Ieva Konstantinova, Victoria Ursu
info@omniscriptum.com

Printed at: see last page
ISBN: 978-620-8-60968-9

"...nem uma folha cai sem o Seu conhecimento. Não há um grão nas trevas ou nas profundezas da terra, nem nada fresco ou seco, que não esteja inscrito num registo claro para aqueles que sabem ler"

Al-Qur'an 6:59

ÍNDICE DE CONTEÚDOS

LISTA DE ABREVIATURAS

Surface Enhanced Raman scattering effect.	SERS
Water	H_2O
Nanoparticles	NPs
Cobalt [2] chloride dihydrated	$CoCl_2.6H_2O$
Tin [2] chloride dihydrated	$SnCl_2.2H_2O$
Ammonium Hydroxide	NH_4OH
Quantum Dots	QDs
Deoxyribo Nucleic Acid	DNA
Metal Oxide	MO
Carbon NanoTubes	CNTs
Single Wall Carbon Nanotubes	SWCNT
United State of Food and Drugs authority	US-FDA
Polychlorobiphenyls	PCBs
Food Standards Australia New Zealand	FSANZ
Regulation of Nanotechnology Products	RNP
British Health and Safety Executive	B-HSE
United Kingdom Control of Substances to Health Regulations	UK-CSHR

CAPÍTULO 1

Introdução

1.1Nanotecnologia e partículas

O termo "Nano" é utilizado para designar a bilionésima parte de um metro ou 10 $^{-9}$. As nanopartículas são aglomerados de átomos e o seu tamanho varia entre 1-100 nm. É uma palavra grega que significa extremamente pequeno. A nanotecnologia é um domínio que tem um vasto impacto em todos os domínios da vida humana. A nanotecnologia pode ser utilizada como alternativa aos métodos químicos, físicos e biológicos de síntese de nanopartículas. O estudo da nanociência e da nanotecnologia proporciona uma aplicação bem desenvolvida de coisas excecionalmente miniaturizadas e é capaz de invadir todos os domínios da investigação científica e do desenvolvimento, como a física, a química, a engenharia de materiais e metalúrgica, a biologia e também a biotecnologia [Rai *et al., 2008* e Huang *et al.,* 2007]. A nanociência e a nanotecnologia tiveram início em finais de 1959 com uma palestra intitulada *"There's Plenty ofRoom at the Bottom"*, proferida pelo físico Richard Feynman numa conferência da American Physical Society, realizada no Cal Tech. O termo Nanotecnologia (NT) foi cunhado pelo Professor Norio Taniguchi da Universidade de Ciências de Tóquio no ano de 1974. As nanopartículas (NP) atraem uma maior atenção devido às suas várias aplicações em diferentes domínios, incluindo a nanomedicina, as nanoarmas, as nanofibras e os nanotubos.

A bionanotecnologia é a conjugação da biotecnologia e da nanotecnologia para o desenvolvimento de várias tecnologias biossintéticas e amigas do ambiente para a síntese de vários nanomateriais [Sobha *et al.,* 2010]. As múltiplas investigações sobre a síntese de nanopartículas suscitaram grande interesse neste domínio emergente da ciência devido às suas propriedades físicas e químicas distintas das partículas macroscópicas [Sau *et al.,* 2010]. Outra forma de definir a nanotecnologia é diferenciando os processos de produção de cima para baixo e de baixo para cima. A abordagem de cima para baixo refere-se ao fabrico de nanoestruturas através da miniaturização dos métodos actuais, como as técnicas de maquinagem e de gravação. A outra abordagem é a de baixo para cima, por vezes designada por nanotecnologia molecular, em que os objectos de dimensão nanométrica são construídos a partir de unidades mais pequenas, até à manipulação de átomos individuais [Shankar *et al,* 2004].

A utilização bem sucedida da nanotecnologia na indústria alimentar pode assumir uma série de formas. Estas incluem a utilização da nanotecnologia na embalagem de materiais. É útil para desenvolver a embalagem antimicrobiana dos produtos alimentares. As nanopartículas estão dispersas pelo plástico e são capazes de bloquear o oxigénio, o dióxido de carbono e a humidade das carnes frescas ou de outros alimentos. A embalagem pode contribuir para o controlo do crescimento microbiano nos géneros alimentícios, o que pode levar à deterioração ou, no caso de uma série de microrganismos patogénicos, ao aparecimento de doenças devido à propagação da infeção [Rajamanicka *et al.,* 2012]. Estão também a ser investigados pela sua potencial utilização como fungicidas na agricultura, como fármacos anticancerígenos e imagiologia em aplicações biomédicas [Sharma *et al.,* 2012]. Uma vantagem adicional da nanobiotecnologia é o desenvolvimento de processos consistentes e mais fiáveis para a síntese de nanomateriais em excesso de uma gama de tamanhos com carácter mono disperso e composição química superiores.

Um atributo único dos sistemas de entrega baseados em nanoplataformas é a sua multifuncionalidade, caracterizada por múltiplos componentes, que incluem agentes de imagiologia, agentes terapêuticos, ligandos de orientação e agentes de "camuflagem" que evitam a interferência com o sistema imunitário. As plataformas nanoteranósticas são ferramentas poderosas para a imagiologia e o tratamento do cancro. A multifuncionalidade destes nanoveículos oferece uma série de vantagens em relação aos agentes conservadores.

Estas incluem o direcionamento para um local de doença, minimizando assim a toxicidade sistémica, a capacidade de solubilizar fármacos hidrofóbicos ou lábeis, conduzindo a uma melhor farmacocinética, e o seu potencial para obter imagens, tratar e prever a resposta terapêutica. As tecnologias de tratamento baseadas em nanopartículas direcionadas com capacidades de diagnóstico são designadas por agentes teranósticos, uma vez que constituem uma classe de agentes que podem servir simultaneamente funções de diagnóstico e terapêuticas.

1.2História das nanopartículas

Os primeiros artefactos humanos contendo nanometais são anteriores à ciência moderna em muitos séculos. Talvez o objeto mais antigo seja o cálice de Licurgo, da Roma do século V, que contém nanopartículas de ouro [Lee *et al.,* 1976]. O pigmento azul Maia encontrado nas ruínas de Chichen Itza, do século XI, deve a sua cor, em parte, a partículas nanoscópicas de ferro e crómio do século XI [Jose-Yacaman *et al,* 1996]. Muitas fontes atribuem a Johann Kunckel (1638) o desenvolvimento dos primeiros procedimentos sistemáticos para incorporar ouro em sílica fundida, produzindo assim o conhecido "vidro rubi" [Mehlman *et al.,* 1983; Moore, 1935].

Já no século XVI, era conhecido o escurecimento dos compostos de prata pela luz [Turner, 1985]. A aplicação bem sucedida da fotoquímica dos halogenetos de prata à fotografia só ocorreu em meados do século XIX, com o trabalho de Fox-Talbot e Daguerre [Turner, 1987]. Nas primeiras aplicações de pigmentação em vidro e placas fotográficas, a base física da cor nestes materiais não era conhecida. A partir da correspondência entre Michael Faraday e George Gabriel Stokes, é evidente que, em 1856, Faraday postulou que a cor do vidro rubi, bem como as suas soluções aquosas de ouro (misturadas com SO_3 ou fósforo), se deve a partículas de ouro finamente divididas [Willimas., 1971]. A discordância de Stokes e o argumento para a existência de um óxido de ouro púrpura aparentemente motivaram o famoso método de descarga eléctrica de Faraday para preparar colóides de ouro aquosos [Faraday *et al,* 1857]. É de salientar que Faraday não dispunha de um quadro teórico quantitativo, mas parece ter baseado o seu postulado numa compreensão intuitiva dos metais altamente reflectores e dos processos de dispersão.

A primeira tentativa de descrição teórica quantitativa das cores das partículas metálicas nanoscópicas ocorreu em 1904 com o trabalho de J. C. Maxwell-Garnett, que utilizou expressões para a polarizabilidade de partículas esféricas derivadas de Rayleigh e Lorenz para definir constantes ópticas compostas efectivas. A teoria de Maxwell-Garnett aplicava-se apenas a partículas cujas dimensões eram negligenciáveis em comparação com o comprimento de onda da luz incidente [Maxwel *et al.,* 1904]. Assim, embora o tamanho das partículas não pudesse ser abordado na teoria, Maxwell-Garnett podia atribuir as diferentes cores observadas em sistemas de partículas derivadas do mesmo elemento metálico a diferenças no espaçamento entre partículas [Mie, 1908]. O artigo de Gustav Mie de 1908 representa o primeiro tratamento teórico rigoroso das propriedades ópticas de partículas metálicas esféricas [Kreibig *et al.,* 1995; Mie, 1908]. A teoria de Mie produziu coeficientes de extinção para partículas de ouro nanoscópicas que se comparam bem com os espectros experimentais de solues de ouro e, ao contrário da teoria de Maxwell-Garnett, era aplicável a esferas de qualquer tamanho. A teoria da dispersão de Mie é atualmente aplicada a uma variedade de sistemas, incluindo partículas não metálicas. A sua abordagem básica foi também adaptada a outras formas, tais como cilindros [Hulst *et al.,* 1981] e elipsóides [Asano *et al,* 1980].

Na primeira metade do século XX, o interesse científico pelas nanopartículas metálicas não se limitava às suas propriedades ópticas. Por exemplo, as partículas de ouro aquosas eram sistemas modelo para o estudo da estabilidade coloidal e da nucleação [Weiser, 1933]. A aplicação de partículas de prata coloidais foi também objeto de um debate sério antes do aparecimento dos medicamentos à base de sulfa em 1930 [Searle, 1919]. A utilização de metais coloidais como agentes de coloração histológica começou em 1960 e expandiu-se rapidamente à medida que a utilização do microscópio eletrónico na biologia celular se tornou rotina [Handley *et al.*, 1989; Beesley *et al.*, 1989]. A chamada coloração integral de superfícies de alumínio através da anodização foi patenteada pela primeira vez no final de 1950 [Gabe, 1978]. No entanto, só no final de 1970 é que Goad e Moskovits demonstraram que as cores observadas resultam da extinção da ressonância plasmónica de partículas metálicas embebidas nos poros da camada de óxido de alumínio anódico [Goad, 1978].

Em 1980, Andersson, Hunderi e Granqvist discutiram a aplicação de películas compósitas de alumina anódica e nanopartículas metálicas como absorventes solares selectivos, delineando uma abordagem generalizada baseada na teoria de Maxwell-Garnett para prever a absorção espetral e a emissividade [Andersson *et al.*, 1980]. As aplicações de outros sistemas de nanopartículas metálicas como materiais solares selectivos foram discutidas no início de 1980 [Niklasson, 1988; Sathiaraj *et al.*, 1991]. Foi a descoberta do efeito de dispersão Raman reforçada pela superfície (SERS) [Fleischmann *et al.*, 1974; Mcquillan *et al.*, 1975; Jeanmarie *et al.*, 1977]. Isso despertou um interesse renovado pela ótica e pela física das nanopartículas metálicas.

A descoberta da ligação entre os melhoramentos electromagnéticos e os processos de ressonância plasmónica [Moskovits, 1978], deu o impulso para investigações experimentais e teóricas sérias de formas de partículas que não as esferas [Chang 1982; Kerker *et al.*, 1990; Buncick *et al.*, 1988]. Embora muitos trabalhadores, entre meados da década de 1970 e meados da década de 1980, estivessem interessados principalmente no efeito (SERS), o seu trabalho forneceu informações importantes sobre as propriedades ópticas lineares fundamentais das nanopartículas metálicas [Meier *et al*, 1983; Zeman 1987; Barber *et al*, 1983]. Independentemente das discussões em torno dos fenómenos (SERS), vários grupos interessaram-se, desde o final dos anos 70 e início dos anos 80, por aquilo a que Arnim Henglein chamou "a dimensão negligenciada entre átomos ou moléculas e materiais a granel" [Henglein, 1989]. Alguns dos novos avanços sintéticos e teóricos em nanopartículas metálicas foram inspirados por fenómenos de quantização do tamanho em sistemas de partículas semicondutoras [Henglein, 1988; Doyle, 1958]. O potencial para aplicações em fotocatálise e dispositivos electrónicos foi também uma força motriz, mesmo há uma década atrás [Henglein, 1989; Schmid, 1992]. No entanto, é também provável que os químicos inorgânicos estivessem simplesmente interessados no desafio de preparar e caraterizar cristalograficamente compostos de clusters metálicos sucessivamente maiores [Ozin, 1983; Morse, 1986; Teo, 1987]. Em todo o caso, em grande parte deste trabalho, as questões são bastante fundamentais.

1.3Classificação das nanopartículas ou nanomateriais

a. Com base na natureza

As NPs podem ser genericamente classificadas em dois grupos, a saber, nanopartículas orgânicas que incluem carbono e carbono como constituintes, enquanto as nanopartículas inorgânicas incluem outros elementos para além do carbono, que podem ser metais de transição ou metais alcalinos, metais alcalino-terrosos, NP de metais nobres [como ouro e prata] e nanopartículas semicondutoras (como óxido de titânio e óxido de zinco). As nanopartículas metálicas são os agentes biomédicos mais promissores e notáveis. O cobalto, a prata, o alumínio, o ouro, o zinco, o carbono, o titânio, o paládio, o ferro e o cobre têm sido utilizados regularmente para a síntese de NPs. As nanopartículas metálicas são utilizadas em várias aplicações catalíticas em diferentes reacções, na eletrónica moderna, na biologia e em aplicações biomédicas, na ciência dos materiais, na física e na ciência ambiental.

b. Com base na geometria (com base na dimensionalidade)

As nanoestruturas podem ser classificadas de acordo com o número de dimensões no nanómetro, duas dimensões nanométricas, e as nanopartículas são nanométricas nas três dimensões. As nanopartículas podem ser artificiais (intencionais) ou acidentais/nanopartículas de resíduos (não intencionais) e são a estrutura mais básica que pode ser utilizada na nanotecnologia. Podem também ser designadas por nanocristais, se tiverem estruturas cristalinas altamente ordenadas, e por pontos quânticos (QD), se essas estruturas forem semicondutoras [Masciangioli e Zhang]. A melhoria de protocolos experimentais e de investigação fiáveis para a síntese de nanomateriais numa gama de composições químicas, tamanhos e elevada monodispersão é um dos maiores desafios da nanotecnologia atual.

O termo "nanomaterial" é atualmente utilizado com frequência para designar os materiais convencionais que são consciente e deliberadamente transformados em nanoestruturas no âmbito da aplicação moderna da nanotecnologia. Os nanomateriais são as formas de matéria à escala nanométrica. De um modo geral, os nanomateriais são referidos como a infraestrutura ou os elementos de base da nanotecnologia. Os "blocos de construção" dos nanomateriais são constituídos por componentes à base de carbono e orgânicos, semicondutores, metais e óxidos metálicos. Os nanomateriais com caraterísticas estruturais à escala nanométrica podem ser encontrados sob a forma de aglomerados, películas finas, materiais multicamadas e nanocristalinos, que são frequentemente expressos pela dimensionalidade 0, 1, 2 e 3. Os materiais incluem metais, ligas amorfas e cristalinas, semicondutores, óxidos, cerâmicas de nitretos e carbonetos sob a forma de aglomerados, películas finas, multicamadas e materiais nanocristalinos em massa, etc.

c. Nanopartículas ultrafinas

Existem dois outros tipos importantes de nanopartículas, as nanopartículas fixas e as nanopartículas livres ou também conhecidas como nanopartículas ultrafinas, sendo importante distinguir entre nanopartículas livres e fixas. As primeiras representam uma ameaça mais direta para a saúde, uma vez que são mais difíceis de conter, são facilmente transportadas pelo ar e podem ser inaladas. Outra distinção é a diferença entre nanopartículas que foram concebidas intencionalmente para um determinado fim (muitas vezes designadas por engenheiradas) e nanopartículas que são subprodutos, resíduos ou que ocorrem naturalmente [conferência sobre nanotecnologias].

Tabela 1.1. Classificação das nanopartículas com base na dimensionalidade

Tabela. 1. classificação baseada na dimensionalidade Dimensão	**Exemplo de nanomateriais**
0D	Colóides, nanopartículas, nanodots, nanoclusters
1D	Nanofios, nanotubos, nanobelts, nanobastões
2D	Poços quânticos, super-redes, membranas
3D	Nanocompósitos, compósitos filamentosos, materiais celulares, materiais porosos, híbridos, matrizes de nanocristais, polímeros em bloco

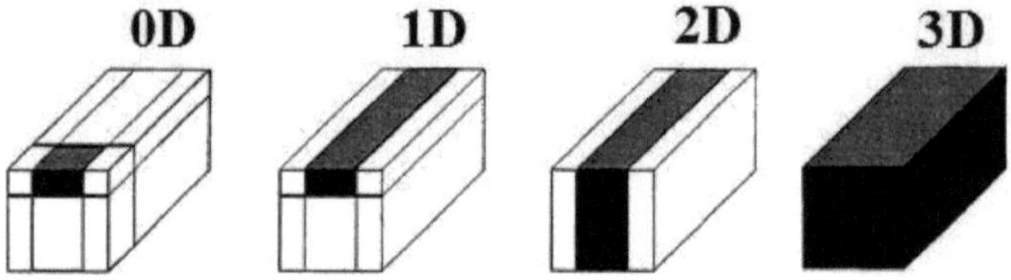

Figura 1.1. Classificação dos nanomateriais de acordo com a dimensão

As nanopartículas podem ser fixadas numa matriz ou livres. Esta distinção é importante porque afecta diretamente a exposição humana. As nanopartículas livres podem entrar e deslocar-se no corpo humano, dependendo da compatibilidade biológica da superfície, ao passo que as nanopartículas fixas estão imobilizadas e, por conseguinte, não podem ser inaladas. Existe uma necessidade crescente de desenvolver processos amigos do ambiente através da síntese ecológica e de outras abordagens biológicas. O comprimento dos nanotubos pode ser até mil vezes superior ao seu diâmetro e podem formar materiais cristalinos fibrosos. Para efeitos de toxicologia, pode ser feita uma analogia com outras fibras, como o amianto, que são suficientemente pequenas para penetrarem profundamente nos pulmões, onde podem entrar nas células do tecido pulmonar [Conference of Nanotechnologies].

Estudos recentes referem que as nanopartículas de alguns materiais, incluindo óxidos metálicos, podem também induzir a morte celular em células eucarióticas [Gupta AK, Gupta M, 2005; Nel *et al,* 2006] e a inibição do crescimento em células procarióticas devido à sua natureza citotóxica. Muitas pessoas podem ser expostas a nanoestruturas através de uma variedade de métodos, como investigadores que fabricam nanoestruturas, doentes a quem são injectadas nanoestruturas ou pessoas que utilizam produtos que contêm nanoestruturas. A maioria dos estudos recentes neste domínio centrou-se na absorção das nanoestruturas por inalação ou exposição cutânea. No sistema respiratório, as NPs activam diferentes factores de transcrição com uma regulação positiva da síntese de proteínas pró-inflamatórias. É interessante notar que vários tipos de NPs podem induzir diferentes reacções inflamatórias. Por exemplo, os nanotubos de carbono de parede simples são mais tóxicos na indução de granuloma epitelioide [Lesniak, 2005]. As nanopartículas livres também podem ser designadas por partículas ultrafinas, que é um termo utilizado principalmente em toxicologia [Oberd rster *et al,* 2005].

A NT é importante para o desenvolvimento de tecnologias sustentáveis para o futuro, para a humanidade e para o ambiente. A geometria longa e fina e a insolubilidade dos nanotubos podem ter o potencial de causar efeitos semelhantes aos decorrentes da inalação de fibras de amianto [Seaton e Donaldson, 2005].

d. Nanopartículas de ocorrência natural

Na nanociência e nanotecnologia modernas, a produção de nanomateriais com a qualidade desejada é um dos aspectos mais estimulantes. Os materiais à dimensão nanométrica não são novos. Os NPs são muito comuns na natureza, por exemplo, a vida depende de muitos objectos à escala nanométrica, incluindo proteínas, enzimas e ADN, e as partículas nanométricas ocorrem naturalmente, como é o caso da exposição profissional. Como as concentrações de partículas de combustão são particularmente elevadas nas estradas, a exposição é elevada para os condutores. Os sistemas de ventilação dos automóveis estão entretanto equipados com filtros, no entanto, a maioria destes filtros não é eficiente para as nanopartículas. A concentração no interior do automóvel é quase a mesma que no exterior [Burtscher *et al.,* 2008].

Concentrações ainda mais elevadas ocorrem em estaleiros de construção mal ventilados, onde são utilizados motores a gasóleo. Um exemplo é a construção de túneis, onde o fornecimento de ar fresco necessário é determinado principalmente pelo requisito de cumprir os limites de partículas (na saúde ocupacional, este é um limite para o carbono elementar em muitos países). A utilização de filtros de partículas nas máquinas de construção utilizadas nos túneis já levou a uma redução significativa das concentrações de partículas. Outro exemplo de exposição profissional é a soldadura, onde são emitidas elevadas concentrações de partículas ultrafinas [Lorenzo *et al,* 2008]. A existência de sistemas de ventilação bem concebidos é crucial para a proteção dos trabalhadores. Caso contrário, terão de usar máscaras, o que é muito inconveniente. Um tópico frequentemente discutido é a emissão de nanopartículas artificiais, que são entretanto utilizadas para muitas aplicações. O exemplo é apresentado em [Maynard e Kuempel, 2005]. A percentagem de produção de nanopartículas a partir de fontes naturais no nosso ambiente é formada durante diferentes actividades humanas, como a escavação de túneis, os ensaios termonucleares, a erupção de lava e a soldadura, etc. Por exemplo, a combustão de combustível no motor dos veículos emite nanopartículas com o fumo.

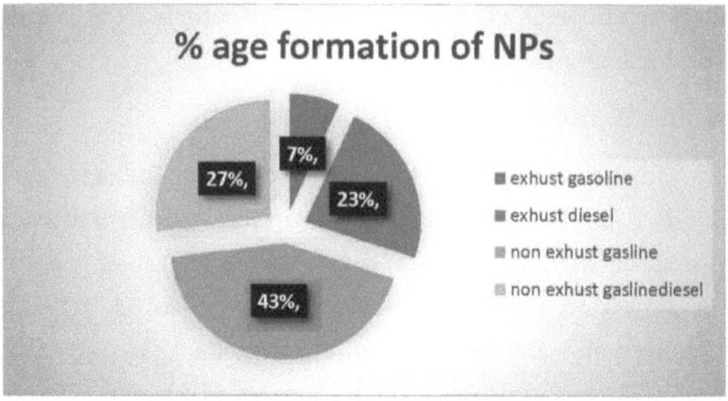

Figura 1.2. A origem e a produção de nanopartículas no ambiente e na indústria

As partículas de gasóleo, bem como as partículas de outras fontes de combustão, são uma mistura complexa de carbono elementar, uma variedade de hidrocarbonetos, compostos de enxofre e outras espécies. As partículas diferem em tamanho, composição, solubilidade e, por conseguinte, também nas suas propriedades tóxicas, como mostra a figura [Kittelson, 1998]. Os valores médios de uma série de motores pesados medidos durante um ciclo transiente. As condições de funcionamento e o tipo de motor influenciam fortemente a composição. Os gases de escape contêm uma fração volátil significativa. Dependendo da temperatura e de outras condições, a fração volátil pode

- Permanecer na fase gasosa.
- Condensar em partículas sólidas existentes.
- Nucleam e formam novas partículas [Robinson *et al.,* 2007].

As partículas dos motores ***a gasolina*** são mais pequenas do que as dos motores a diesel (tipicamente 40 nm de diâmetro médio) e contêm uma grande fração de material volátil. As medições de um pequeno motor para produção de energia eléctrica mostram um diâmetro médio de 40 nm e uma dimensão fractal df de três, quando medido à temperatura ambiente. Isto indica partículas compactas. Se estas partículas forem aquecidas a uma temperatura de cerca de 250°C, tornam-se significativamente mais pequenas (diâmetro médio de 20nm) e a df diminui de 3 para cerca de 2,2. Uma explicação para esta observação pode ser o facto de, à temperatura ambiente, a parte sólida e fractal das partículas estar encapsulada em material volátil. Se este material volátil for removido por aquecimento, o núcleo fractal torna-se visível [Burtscher, 2000].

O conhecido nanomaterial "negro de fumo" foi utilizado na produção industrial há mais de um século. Os outros primeiros nanomateriais são a sílica pirogénica, uma forma de dióxido de silício (SiO2), o dióxido de titânio (**TiO2**), o óxido de zinco (ZnO) e outros óxidos metálicos (MO). Os nanomateriais podem ter propriedades diferentes à escala nanométrica, o que também é determinado pelos efeitos quânticos. Entre todos os nanomateriais, alguns têm melhor condutividade térmica e eléctrica, diferentes propriedades magnéticas, reflexão da luz e também mudam de cor consoante o seu tamanho, que também é alterado. Estas propriedades são um pouco diferentes das dos materiais a granel. Os nanomateriais também têm áreas de superfície maiores do que volumes semelhantes de materiais de maior escala, o que significa que há mais superfícies disponíveis para interações com outros materiais à sua volta. Os nanomateriais estão a ser controlados até à dimensão nanocristalina, que é inferior a 100 nm, podendo apresentar comportamentos semelhantes aos dos átomos. Este facto resulta da sua maior energia de superfície devido à sua grande área de superfície e ao maior intervalo de banda entre a banda de valência e a banda de condução. Ocorre quando são divididos até um tamanho quase atómico [Dijken *et al.*, 2000; Sangeetha *et al.*, 2011].

1.4 Homem e nanotecnologia

As fontes naturais de nanopartículas incluem incêndios, iluminação e erupções vulcânicas. A nanotecnologia tem utilizações a curto e a longo prazo, como a limpeza da poluição ambiental, mecanismos de administração de medicamentos mais eficazes e seguros com menos efeitos secundários nos organismos vivos, desenvolvimentos nas tecnologias da informação (TI), vidros de janelas autolimpantes, tecidos inteligentes ou nanofibras que se ajustam à temperatura. Materiais vegetais e derivados de plantas para a biossíntese de nanopartículas metálicas, mecanismos de absorção de iões metálicos e de bio-redução instigados por cientistas de todo o mundo [Ahmad *et al.*, 2009; Shankar *et al.*, 2009]. Os métodos biológicos para a síntese de nanopartículas através da utilização de vários microrganismos, enzimas, plantas e seus extractos têm sido sugeridos como as alternativas prováveis e promissoras e amigas do ambiente aos métodos químicos e físicos de síntese [Sangeetha *et al.*, 2011].

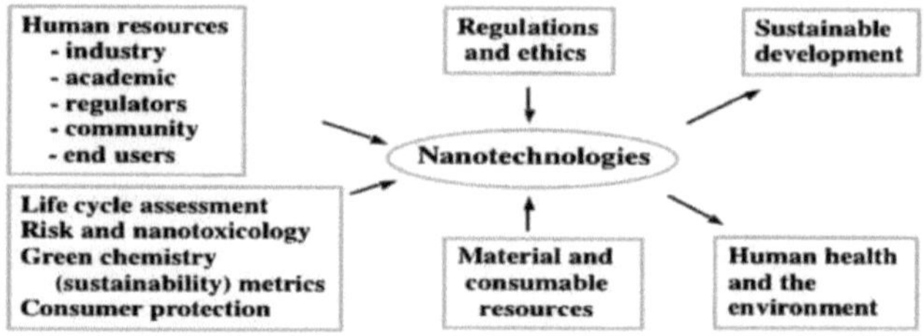

Figura 1.3. Questões-chave no tratamento do potencial impacto das nanotecnologias na saúde humana.

1.5 Estruturalmente nanopartículas

Geralmente, as nanopartículas são constituídas por duas partes: o material do núcleo e um conversor de superfície. O conversor de superfície é responsável pela alteração das propriedades físico-químicas dos materiais do núcleo. O material do núcleo é constituído por uma variedade de materiais biológicos, como fosfolípidos, lípidos, ácido lático, quitosano e dextrano, ou pode ser constituído por carbono, polímeros químicos, sílica ou metais. Vários compostos químicos, fármacos, sondas e proteínas são fixados à superfície das nanopartículas através de interações não covalentes ou por adsorção física.

Quando os compostos químicos se ligam à superfície das nanopartículas, as propriedades físico-químicas alteram-se. Por conseguinte, a funcionalidade das nanopartículas é melhorada ou alterada. A eficiência das nanopartículas para várias aplicações depende das caraterísticas físico-químicas do material de base e dos modificadores de superfície. A composição dos materiais de base, juntamente com os modificadores de superfície, pode tornar as nanopartículas biodegradáveis e biocompatíveis. A toxicidade das nanopartículas pode ser reduzida através da modificação das suas propriedades de superfície aquando da utilização das nanopartículas como transportadores de fármacos [Deng *et al.,* 2008]. A estrutura das nanopartículas pode ser explicada com a ajuda de uma nanopartícula teranóstica (agente terapêutico - amarelo; agente de contraste para imagiologia - branco). A deteção e a terapia de tumores são, na maioria dos casos, efectuadas separadamente. Um método mais eficiente e eficaz pode ser alcançado com nanopartículas teranósticas, que integrariam os esforços de deteção, tratamento e acompanhamento da resposta do tumor e ajudariam no processo de tomada de decisões quanto à necessidade de tratamento adicional. Desenvolveu uma nanoplataforma teranóstica modular, baseada num núcleo de nanopartículas de poliacrilamida (PAA), com componentes encapsulados para deteção, diagnóstico e tratamento sinérgicos do cancro [Bhojani *et al.*, 2003].

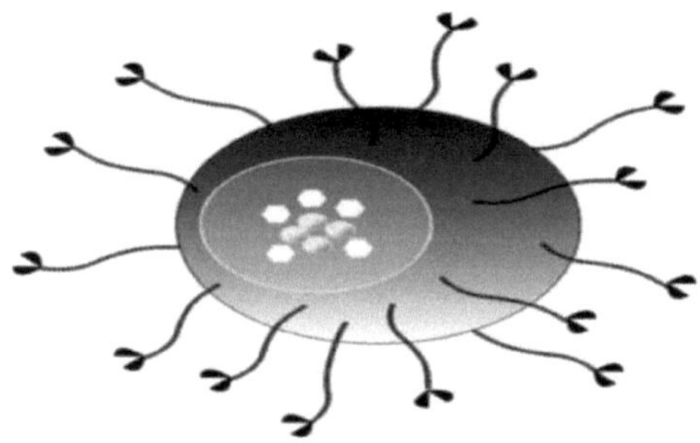

Figura 1.4 estrutura generalizada da nanopartícula teranóstica

A administração de medicamentos pode ser definida como o processo de libertação de um agente bioativo a uma taxa específica e num local específico. Dado que os actuais avanços na biotecnologia e em áreas afins estão a ajudar à descoberta e conceção racional de muitas novas classes de fármacos, é crucial melhorar os métodos específicos de administração de fármacos, para transformar estes novos avanços em eficácia clínica. Vários fármacos são limitados pela sua fraca solubilidade, elevada toxicidade e dosagem elevada, agregação devido à fraca solubilidade, entrega inespecífica, degradação in vivo e meias-vidas circulantes curtas. Os sistemas de administração de medicamentos com objectivos específicos podem aumentar a adesão dos doentes, prolongar o ciclo de vida dos produtos, diferenciá-los e reduzir os custos dos cuidados de saúde. A nanotecnologia pode ser corretamente considerada como o futuro da tecnologia de administração de medicamentos, uma vez que tem o potencial de fornecer ferramentas terapêuticas e de diagnóstico úteis num futuro próximo.

As NPs oferecem um meio adequado para administrar fármacos de pequeno peso molecular, bem como macromoléculas como proteínas, péptidos ou genes no organismo, utilizando várias vias de administração. A capacidade das NPs concebidas para interagir com as células e os tecidos a um nível molecular confere-lhes uma vantagem distinta em relação a outras substâncias poliméricas ou macromoleculares. Os transportadores de fármacos são conjuntos macromoleculares que podem incorporar compostos imagiológicos e terapêuticos de natureza distinta, tais como pequenas substâncias químicas, fluoróforos e biossensores, péptidos e proteínas, oligonucleótidos e genes. Podem ser concebidos para melhorar a solubilidade destas moléculas de carga e a sua biodisponibilidade e também para controlar a sua circulação, biodistribuição no corpo e taxa de libertação, aumentando assim a sua eficácia [Duncan, 2003; Panyam e Labhasetwar, 2003].

1.6 Aplicações e importância das nanotecnologias

Os exemplos de nanotecnologia a seguir apresentados são representativos de aplicações actuais, em desenvolvimento e futuristas relacionadas com a saúde humana. Para muitas aplicações, a toxicologia do nanomaterial não foi abordada, embora a sua importância esteja agora a ser compreendida. Sílica em pó até quantidades de microgramas para aplicações especializadas em imagiologia biológica [Hoet *et al.*, 2004].

1.6.1 **Tecnologia de dispositivos**

O ADN programado que pode conter dispositivos electrónicos do tamanho de moléculas, o que pode levar a dispositivos capazes de se replicar, e as máquinas de ADN com partes móveis têm potencial como sensores, interruptores e pinças nanoquímicos [Moghimi *et al.*, 2005; Liu *et al.*, 2005]. Técnicas de litografia suave para moldar ou imprimir nanopadrões em superfícies curvas e planas [Wayt, 1999]. Barras de CNT ou outras barras à escala nanométrica para computadores quânticos mecânicos [Wayt, 1995] e cilindros nanocristalinos rodeados de sílica como condensadores para armazenamento de dados [Stix, 2004].

Baterias menos tóxicas com capacidade de recarga rápida (Graham, 2005). Células fotovoltaicas para captação de infravermelhos [McDonald *et al.*, 2005]. Pinças holográficas ópticas para montagem de nanocomputadores a partir de nanotubos, purificação de medicamentos, cirurgia não invasiva e criação de vórtices líquidos giratórios que podem atuar como bombas microscópicas [Stix, 2003]. Tecnologia de células solares que utiliza menos material com custos de processamento mais baixos [Sebastian *et al.*, 2005].

1.6.2 **Utilizações clínicas da nanotecnologia**

Isto insere-se no âmbito da nanomedicina, como a aplicação da nanotecnologia ao tratamento, diagnóstico, monitorização e controlo de sistemas biológicos [Moghimi *et al.*, 2005]. Os biomateriais nanoestruturados sintéticos podem ser concebidos para se auto-montarem e criarem estruturas para a engenharia de tecidos, imitando efetivamente os processos de biomineralização [Murphy *et al.*, 2005]. Os péptidos auto-montados podem dirigir a mineralização da hidroxiapatite , incluindo a formação de fibrilas de colagénio, o que é de interesse na reparação de tecidos mineralizados [Hartgerink *et al.*, 2001]. A irradiação luminosa de esferas de sílica revestidas de ouro desencadeia a libertação de calor que pode destruir as células cancerosas [Hirsch *et al.*, 2003]. As próprias nanopartículas de ouro inibem o crescimento dos vasos sanguíneos.

Este crescimento é um processo importante no crescimento de tumores [New Sci, 2004]. A desinfeção de superfícies é possível através da oxidação fotocatalítica UV com TiO2 nanocristalino [Ku hn *etal.*, 2003; Yu *etal.*, 2005]. Os glóbulos vermelhos mecânicos artificiais (respirocitos) são mímicos da função de transporte de oxigénio e dióxido de carbono dos glóbulos vermelhos. Podem fornecer 236 vezes mais oxigénio por unidade de volume do que um glóbulo vermelho natural [K. Bogunia *et al.*, 2002]. A adsorção de anticorpos em conjuntos de nanotubos de carbono de parede simples (SWCNT) constitui a base de um imunossensor amperométrico [Connor *et al.*, 2004].

Os CNTs funcionalizados são fortes candidatos à entrega de fármacos, antigénios e genes, tendo sido utilizados como novas plataformas para detetar anticorpos associados a doenças auto-imunes humanas com elevada especificidade [Bianco *et al.*, 2005]. O carboxi-fulereno C60 modificado actua como eliminador de radicais livres e pode ser utilizado como fármaco para uma atividade-alvo em células humanas do sistema imunitário e nas suas mitocôndrias, especificamente para proteção contra a apoptose [Monti *et al.*, 2000]. O fulereno C60 e outros derivados têm aplicação como antioxidantes contra processos biológicos induzidos por radicais [Wang *et al.*, 1999].

a. Imagiologia médica

As nanopartículas superparamagnéticas de óxido de ferro são utilizadas em aplicações *in vivo*, incluindo a ressonância magnética, a reparação de tecidos, a desintoxicação de fluidos biológicos, a administração de medicamentos, a melhoria do contraste de imagens e o tratamento da hipotermia [Gupta *et al.*, 2003; LaVan *et al.*, 2003]. Os semicondutores (QDs) apresentam uma série de vantagens em relação aos fluoróforos orgânicos para o seguimento de células in vivo a altas resoluções [Voura *et al.*, 2004; Ballou *et al,* 2004].

b. Administração de medicamentos

Os fármacos (ou agentes de contraste) podem ser fisicamente aprisionados nos núcleos hidrofóbicos das micelas, ou de forma semelhante aprisionados no espaço aquoso ou intercalados na bicamada lipídica dos lipossomas, dependendo das caraterísticas físico-químicas do fármaco. Existem também nanoesferas em que o fármaco de interesse é dissolvido, aprisionado, ligado ou encapsulado ao longo ou no interior de uma matriz polimérica [Moghim *et al.*, 2005]. As nanoesferas carregadas com antigénio têm possíveis aplicações na administração de vacinas [Eyles *et al.*, 2003]. Os polímeros naturais, como o quitosano, podem ser utilizados para a administração de medicamentos anti-cancro, genes e vacinas [Huang, *et al.*, 2001; Agnihotri *et al.*,

2004]. As nanopartículas de ADN de quitosano podem ser utilizadas como transportadores de genes [Mao *et al.*, 2001]. Os aerossóis de nanopartículas são atractivos para a administração de medicamentos devido à sua biodisponibilidade no tecido pulmonar profundo e à facilidade de administração [LaVan, *et al.*, 2003]. Os SWCNTs têm potencial para a administração de fármacos, antigénios e genes [Bianco *et al.*, 2005] e os SWCNTs funcionalizados com ADN ligado podem aumentar a absorção de ADN e a expressão genética mais do que o ADN livre [Bianco *et al.*, 2005].

c. **Aditivos alimentares**

Parece haver resistência às aplicações da nanotecnologia nos alimentos, ao contrário das aplicações na medicina. Os dispositivos catalíticos antioxidantes mantêm o óleo de fritura fresco durante muito mais tempo, o que resulta num melhor sabor, em alimentos fritos mais estaladiços, numa melhor consistência do produto, em custos mais baixos e em maiores lucros, com benefícios substanciais para a saúde e o ambiente. Existe uma patente nos EUA e uma aprovação da FDA [Oil Fresh Corporation, 2005]. As embalagens de produtos à base de nano e os nanodispositivos permitem rastrear a origem dos alimentos e a sua frescura [Nutralease Ltd, 2005]. Foram desenvolvidos novos transportadores, incluindo cápsulas nanomoleculares, para a incorporação de nutracêuticos em sistemas alimentares e formulações cosméticas, aumentando a biodisponibilidade do produto.

1.6.3 **Máquinas moleculares**

Um grande esforço de investigação envolve o desenvolvimento de máquinas moleculares baseadas em moléculas e macromoléculas, incluindo o ADN. Estas máquinas fazem parte da abordagem ascendente da nanotecnologia e incluem interruptores moleculares, portas lógicas, dispositivos de memória, dispositivos fotónicos, ótica não linear, fios condutores, ímanes moleculares, etc. [Badji *et al.*, 2004].

1.6.4 **Militar**

Os CNT têm uma elevada condutividade eléctrica e os compósitos plásticos neles baseados podem constituir um material leve de proteção contra a radiação electromagnética. Os computadores e os dispositivos electrónicos para comando, controlo e comunicação no campo de batalha têm de ser protegidos contra armas que emitem impulsos electromagnéticos [Poole *et al.*, 2003].

Os materiais inteligentes podem ser capazes de mudar em resposta ao ambiente que os rodeia. Pequenos computadores incorporados nos materiais poderiam enviar sinais para notificar o seu estado, com o material a mudar de cor quando comandado, ou gerar eletricidade durante o dia e armazená-la para utilização posterior. Há a perspetiva de revestimentos que se mantenham limpos e, possivelmente, a capacidade de se curarem a si próprios quando danificados [Universidade de Tecnologia de Sydney].

1.6.5 **Decomposição química**

As nanopartículas de TiO_2 sintetizadas por combustão são mais eficazes do que o material comercial a granel para a fotodecomposição catalítica de vários compostos orgânicos. A elevada atividade catalítica das nanopartículas é atribuída à sua elevada área superficial e à densidade dos grupos hidroxilo superficiais [Nagaveni *et al.*, 2004]. As nanopartículas de MgO adsorvem e destroem vários organofosforados que imitam os "agentes de guerra" e podem destruir os fluorocarbonetos [Lucasa *et al.*, 1999]. A Exxon Mobil utiliza material mesoporoso com poros inferiores a um nanómetro para melhorar a decomposição de grandes moléculas de hidrocarbonetos para formar gasolina [Zink, 2012]. A conversão de policlorobifenilos (PCB), pesticidas organoclorados e solventes halogenados em hidrocarbonetos benignos (descontaminação ambiental) é possível utilizando nanopartículas catalíticas [Zhang *et al.*, 1998].

1.6.6 **Descontaminação de metais**

Estão a ser utilizadas técnicas de ADN recombinante para a engenharia de proteínas de biopolímeros com novas disposições moleculares e propriedades sintonizáveis, com elevada afinidade para a remoção selectiva de metais pesados tóxicos como o cádmio, o mercúrio e o arsénio [Chen *et al.*, 2005]. Os dendrímeros de poliamidoamina possuem grupos funcionais de azoto que podem atuar como agentes quelantes para a ligação de iões metálicos tóxicos, mediadores de transferência de electrões, aglomerados de metais redox activos e aglomerados de metais com propriedades catalíticas [Diallo *et al.*, 2005]. Foram desenvolvidas escovas para varrer nano-poeiras, pintar microestruturas e limpar poluentes na água, por exemplo, a absorção de iões de prata de águas contaminadas [Pease, 2005].

1.6.7 **Organismos reguladores e legislação**

Existem novas diretivas do Parlamento Europeu que restringem a utilização de determinadas substâncias perigosas em equipamentos eléctricos e electrónicos [Diretiva, 2002], incluindo metais pesados como o mercúrio e o cádmio. A exposição crónica excessiva ao cádmio pode provocar lesões nos pulmões, fígado e rins, e o cádmio e os seus compostos são cancerígenos para os seres humanos. O mercúrio é um veneno bioacumulativo e afecta os rins e o cérebro. O envenenamento crónico (mercurialismo) causa depressão do sistema nervoso central.

Um estudo recente revelou que os selenetos de cádmio (QDs) libertam iões de cádmio tóxicos e, como tal, não podem ser considerados biocompatíveis [Kirchner *et al.*, 2005]. A Food Standards Australia New Zealand (FSANZ) é o organismo regulador responsável pela proteção da saúde pública na Austrália através da manutenção de um abastecimento alimentar seguro. Os procedimentos estabelecidos em exigem que 'todos os alimentos que não fazem tradicionalmente parte da nossa dieta passem por uma avaliação de segurança antes da comercialização. (O FSANZ afirma que o conhecimento melhorado relativo à segurança e à nutrição está a ser aplicado aos desenvolvimentos mais recentes e emergentes, que no futuro podem incluir a utilização de nanopartículas em produtos alimentares [Food Standards Australia New Zealand, 2000].

A Food and Drug Administration (FDA) dos EUA adopta uma abordagem semelhante na avaliação da segurança alimentar, na medida em que são necessárias avaliações antes da comercialização. A FDA rejeita quaisquer riscos colocados pela entrada da nanotecnologia no mercado alimentar e afirma que "a atual bateria de testes farmacológicos é provavelmente adequada" para a maioria dos produtos que requerem regulamentação e que "se o fabricante não fizer alegações nanotecnológicas.

(FDA) pode não estar ciente, no momento em que o produto está no processo de revisão e aprovação, de que a nanotecnologia está a ser utilizada. Além disso, afirmam que, na utilização da nanotecnologia nos alimentos, o tamanho não é a questão (Regulation of Nanotechnology Products). Um estudo independente realizado no Reino Unido sugere que as substâncias em forma nanoparticulada devem ser consideradas independentes das suas contrapartes a granel. A atual regulamentação do Reino Unido não exige qualquer ensaio adicional de uma substância produzida sob a forma nanoparticulada. O relatório recomenda que seja colmatada a "lacuna regulamentar" [Nanoscience and nanotechnologies, 2004].

Os avanços na nanotecnologia estão a manter-se à frente dos organismos reguladores, com a maior parte da legislação, desde finais de 2004, a não fazer qualquer diferenciação entre materiais a granel e as suas nanocontrapartes. Isto é um problema porque não são necessários ensaios separados para os nanomateriais se o material a granel for certificado como seguro. No entanto, está bem documentado que as substâncias a granel benignas podem apresentar uma toxicidade significativa ao nível nanométrico. A (CE) e a (EPA) estão agora a abordar esta deficiência. O primeiro Simpósio Internacional sobre Nanotecnologia e Saúde Ocupacional, co-patrocinado pelo British Health and Safety Executive (HSE) e pelo US National Institute for Occupational Health, realizou-se em outubro de 2004 [Mark, 2004].

As recomendações actuais das nanociências e nanotecnologias [Hoet *et al.*, 2004] apelam a

(i) Tratar as nanopartículas e os nanotubos como substâncias perigosas.

(ii) Avaliar os riscos colocados pela libertação de nanopartículas durante o ciclo de vida do produto.

(iii)Estudar a toxicidade.

Bioacumulação e epidemiologia dos produtos da nanotecnologia como medida preventiva. No Reino Unido, os Regulamentos sobre o Controlo de Substâncias para a Saúde (CSHR) de 2002 exigem a avaliação dos riscos e a aplicação de controlos adequados a qualquer substância. No entanto, os materiais com nano-caraterísticas não são considerados novos materiais. Existem claramente lacunas significativas na medição da exposição à nanotecnologia (nomenclatura), quando um nanomaterial é considerado novo, a diferença no efeito de uma nanopartícula de um tamanho em relação a outra, os dados de ensaio necessários, se são necessários novos modelos toxicológicos e o nível de exposição que causará danos [Mark Nanomaterials, 2004].

1.6.8 **Sustentabilidade e nanotecnologia**

A nanotecnologia é parte integrante da transição do planeta para uma trajetória sustentável com todos os benefícios da tecnologia atual, baseada em produtos mais pequenos que utilizam menos energia para funcionar, menos energia e materiais para construir e integram o potencial de reciclagem. As nanotecnologias incluem igualmente o desenvolvimento de fontes de energia renováveis, como a energia solar e as pilhas de combustível. A implementação da ciência e da tecnologia em geral é necessária para efetuar a transição para a sustentabilidade e para uma sociedade sem resíduos [Anastas, 2003].

O desenvolvimento sustentável pode ser definido como 'a capacidade de satisfazer as necessidades da geração atual, preservando simultaneamente a capacidade das gerações futuras de satisfazerem as suas necessidades [The Brundtland Report, 1987]. A sustentabilidade é uma questão ética (ver abaixo), uma vez que está relacionada com as necessidades das gerações actuais e futuras [Department of the Premier and Cabinet, Perth, 2003]. A Comissão das Nações Unidas para o Ambiente e o Desenvolvimento referiu que o desenvolvimento sustentável exige a satisfação das necessidades básicas e a oportunidade de melhorar a qualidade de vida. Esta definição abrange toda a população mundial [The Brundtland Report, 1987]. Por conseguinte, o desenvolvimento sustentável pode ser interpretado como uma responsabilidade ética (em particular) para com aqueles que atualmente desfrutam de elevados padrões de vida. É necessária uma avaliação da sustentabilidade da nanotecnologia neste sentido global, uma vez que existe a possibilidade de implicações para a saúde a jusante. Na Estratégia de Sustentabilidade do Estado da Austrália Ocidental, a sustentabilidade foi descrita como a capacidade de satisfazer estas necessidades através da proteção ambiental, do progresso social e da prosperidade económica [Nano Investment, 2005].

1.7 Métricas da química verde

A nanotecnologia precisa de abordar o princípio da química verde e as métricas associadas [Anastas *et al.,* 1998]. Estes estão resumidos na (Fig. 1.5). Exemplos de considerações sobre nanotecnologia no contexto da química verde são desenvolvidos a seguir.

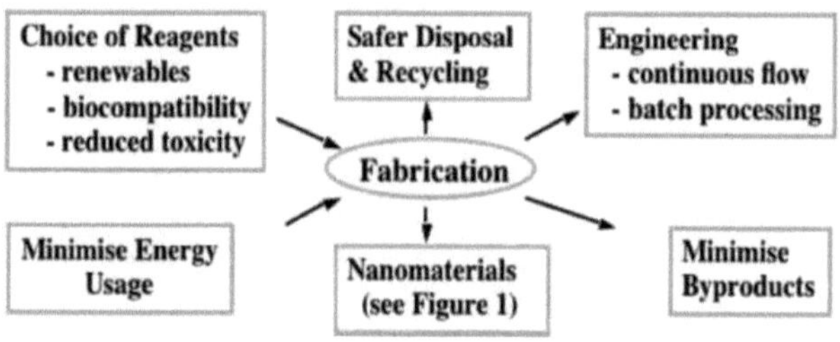

Figura 1.5. Ambiente e nano partículas

1.7.1 Evitar a produção de resíduos

Os avanços na administração de fármacos incluem a superação de problemas de insolubilidade, distribuição desigual pelo corpo e fraca seletividade, danos nos tecidos saudáveis e toxicidade dos fármacos [Voura *et al.,* 2004; Hughes, 2005], reduzindo assim a quantidade de fármaco a administrar com menos resíduos no corpo. Também aqui é necessário minimizar a produção de resíduos durante a produção de nanomateriais.

1.7.2 Economia do átomo

A nanotecnologia ascendente pode ser intrinsecamente mais eficiente em termos de átomos, dado que os produtos podem ser construídos átomo a átomo, ou molécula a molécula, em processos de montagem auto-reparadores e sem gerar resíduos.

1.7.3 Sínteses químicas menos perigosas

A libertação de poeiras finas, incluindo nanopartículas, para a atmosfera deve ser evitada através de medidas preventivas adequadas, incluindo a embalagem e o transporte das nanopartículas sob um líquido.

1.7.4 Conceção de materiais mais seguros

Muitas vezes, as novas propriedades dos nanomateriais são utilizadas para substituir um mecanismo menos eficiente que pode induzir efeitos adversos. A administração de medicamentos é um exemplo em que a segurança é melhorada pela nanotecnologia, ajudando a reduzir os efeitos secundários [Raveendran 2003].

1.7.5 Solventes e produtos auxiliares mais seguros

Estão já a surgir exemplos de sínteses ecológicas de nanopartículas [Joy, 2000].

1.7.6 Conceção para a eficiência energética

O fabrico de sistemas de dimensão nanométrica pode exigir menos energia do que a utilizada nos sistemas tradicionais, por exemplo, no fabrico de nanopartículas por auto-montagem envolvendo interações inerentemente fracas

1.7.7 Utilização de matérias-primas renováveis

O carbono constitui a base de muitas nanopartículas (incluindo o negro de fumo, os fulerenos e os nanotubos) e pode ser obtido a partir de biomassa renovável, uma questão importante pelo menos para os nanomateriais de grande volume, como as fibras compósitas.

1.7.8 Reduzir a utilização de derivados

Os processos de auto-montagem ascendentes não requerem a utilização de proteção, desproteção e técnicas associadas utilizadas na química orgânica tradicional.

1.7.9 Catálise

As nanopartículas de catalisadores podem aumentar a seletividade das reacções [Zkar *et al.*, 2005, Somorjai *et al.*, 2001]. O que reduz a quantidade de energia necessária para iniciar uma reação, e a reação pode ser efectuada a uma temperatura mais baixa. Isto é importante porque as considerações energéticas são frequentemente a questão mais importante na análise ambiental e económica [Anastas *et al.*, 1998].

1.8 Necessidade de síntese verde

A biossíntese de nanoparticulas é um tipo de abordagem ascendente em que a principal reação que ocorre é a redução e a oxidação. A necessidade de biossíntese de nanopartículas aumentou devido ao facto de os processos físicos e químicos serem dispendiosos. Muitas vezes, o método de síntese química leva à presença de alguns dos produtos químicos tóxicos absorvidos na superfície que podem ter efeitos adversos nas aplicações médicas [Parasharu, 2009]. Este não é um problema quando se trata de nanopartículas biossintetizadas através da via de síntese verde [Begum *et al.*, 2009]. Assim, na procura de vias mais baratas para a síntese de nanopartículas, os cientistas utilizaram enzimas microbianas e extractos de plantas (fitoquímicos). Com as suas propriedades antioxidantes ou redutoras, são geralmente responsáveis pela redução de compostos metálicos nas respectivas nanopartículas. A síntese ecológica constitui um avanço em relação aos métodos químicos e físicos, uma vez que é rentável, não prejudica o ambiente, pode ser facilmente utilizada para síntese em grande escala e, neste método, não é necessário utilizar alta pressão, energia, temperatura e produtos químicos tóxicos. Atualmente, as nanopartículas são preparadas em laboratório de várias formas, tais como métodos físicos, químicos e biológicos. O método biológico é preferido por ser amigo do ambiente e de baixo custo, pelo que, hoje em dia, a química verde é utilizada nos laboratórios em vez de qualquer método físico ou químico.

1.8.1 Síntese verde de nanopartículas

A síntese verde de cobalto é mais preferível do que outras formas, porque a síntese verde é amiga do ambiente e pouco fundida, mas outras são muito fundidas e tóxicas, sendo as suas vantagens e desvantagens apresentadas a seguir.

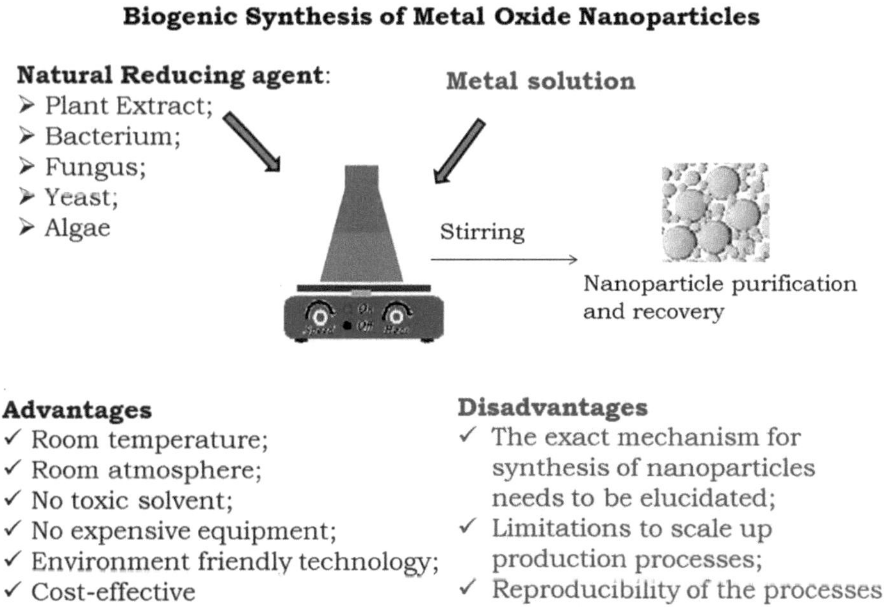

Figura 1.6. Processo biogénico, suas vantagens e desvantagens.

Como se pode ver na Fig. 1.6, os métodos biogénicos de obtenção de nanopartículas de óxidos metálicos são realizados em condições ambientes, de forma simples e económica e sem contaminação do ambiente. No entanto, as principais desvantagens são as limitações relacionadas com o aumento de escala dos processos de síntese. Além disso, a reprodutibilidade dos processos biogénicos precisa de ser melhorada e, na maioria dos casos, os mecanismos de formação das nanopartículas não estão completamente elucidados [Duran e Seabra, 2012; Ingale e Chaudhari, 2013].

Até à data, a investigação no domínio da biossíntese tem-se centrado principalmente nas nanopartículas de Co, Ag e Au, havendo muito poucos relatórios sobre a síntese de nanopartículas [Thakkar *et al.*, 2010]. A biocompatibilidade das nanopartículas é mais essencial para aplicações e investigações biomédicas específicas [Sasidharans *et al.*, 2013]. A NT é útil nas técnicas para vários processos de diagnóstico, administração de medicamentos, protectores solares, ligaduras antimicrobianas, desinfectantes e um processo de fabrico amigável que reduz os resíduos, o que acaba por ser o mais importante para o fabrico molecular atomicamente preciso com menos resíduos, o que também serve de catalisador para uma maior eficiência no atual processo de fabrico, minimizando ou eliminando a utilização de materiais tóxicos para reduzir a poluição, como a água e o ar, como uma produção de energia alternativa que é solar e células de combustível [Sobha *et al.*, 2010]. O objetivo da nanotecnologia é reduzir a diferença de tamanho entre as estruturas mais pequenas fabricadas por litografia e as grandes moléculas sintetizadas quimicamente.

1.8.2 Planta utilizada para a síntese de nanopartículas de cobalto

Para a síntese de nanopartículas de cobalto através do processo biogénico, é utilizado o extrato das folhas da planta (Strobilanthes urticifolia). Strobilanthes é um género de anthrcea com cerca de 350 espécies, é uma planta com flor da família Aanthaceae, maioritariamente nativa da Ásia tropical (no lado Hamamliano) e de Madagáscar, mas com algumas espécies que se estendem para norte até às regiões temperadas da Ásia. Muitas espécies são cultivadas pelas suas flores com dois lábios e capuz, em tons de azul, cor-de-rosa, branco e roxo. A maioria é resistente à geada e requer proteção em zonas propensas à geada [Akhtar e Ghafoor, 1891]. Recolhi estas plantas em Mansehra e no Kohistan, cujas imagens são apresentadas abaixo (Fig. 1.7).

Figura 1.7 (a). As folhas de Strobilanthes urticifolia (b) planta inteira.

Folhas com 2,5-8,5 cm de comprimento, pecíolo peludo apicalmente alado, lâmina ovalada, 8-16 x 4,58 cm, puberulenta em ambos os lados a glabrescente. Flores azul-escuras, com 2 cm de diâmetro, em espigas paniculadas frouxas, glandular-pubescentes, brácteas estreitamente lanceoladas-oblongas, mais curtas do que o cálice, precocemente caducas, bractéolas estreitamente oblongas, 4-5 mm de comprimento caducas. Lóbulos do cálice 5, desiguais, ligulados, com 8-12 mm de comprimento, pubescentes glandulares, obtusos, alargados e acrescentados nos frutos, um muito maior do que os restantes. 3-4 cm de comprimento, tubo cilíndrico em baixo, tão longo como o cálice, curvo em cima, dentro dos lóbulos do limbo patente, esparsamente peludo com estigma linear.

1.9Metas e objectivos

Um dos objectivos deste trabalho foi preparar e caraterizar nanopartículas de cobalto (nanopartículas de cobalto dopadas e não dopadas com Sn), bem como nanopós que são verdadeiros nanomateriais com tamanhos de grão tão reduzidos quanto possível.

O segundo objetivo deste trabalho foi a preparação de nanopartículas de cobalto por técnica biogénica a partir de precursores baratos disponíveis em laboratório a temperaturas de decomposição mais baixas.

O terceiro objetivo deste trabalho foi o desenvolvimento de um método para produzir nanopartículas de óxido de cobalto (dopadas e não dopadas com Sn) por via verde.

CAPÍTULO 2

Materiais e métodos

2.1Química utilizada

Para a síntese das nanopartículas de cobalto e das nanopartículas de cobalto dopadas com estanho, são utilizados os seguintes produtos químicos

- Água H_2O (destilada).
- Extrato de planta.
- Hexa-hidrato de cloreto de cobalto [II] [$CoCl_2.6H_2O$].
- Hidróxido de amónio (NH_4OH).
- Cloreto de estanho [II] di-hidratado [$SnCl_2.2H_2O$].

2.2 Vidraria utilizada

- Balão volumétrico 400ml.
- Béqueres de 50 ml, 100 ml e 600 ml.
- Ver o vidro.
- Prato da China.
- Tubo de ensaio. (Tubo de centrifugação).
- Funil.
- Escova para tubos de ensaio.
- Conta-gotas.
- Pipeta.
- Almofariz e pilão.

2.3 Instrumento utilizado

Para a síntese de nanopartículas de cobalto por via verde, foi adoptada a seguinte instrumentação.

- **Máquina centrífuga**

A centrífuga é utilizada para a extração de partículas não dissolvidas no extrato e estas assentam através da força centrífuga. O extrato da planta (Strobilanthes urticifolia) é centrifugado a 4000 RPM (rotações por minuto) durante 40 minutos e, em seguida, é utilizado o extrato puro.

- **Placa de aquecimento**

A solução de cobalto é agitada e aquecida à temperatura ambiente com a ajuda de uma placa de aquecimento.

- **Estufa de secagem**

2.4 Síntese do extrato de folhas de plantas

O extrato da planta foi preparado por amostragem, começando por recolher as folhas da margem do rio Dhodail Mansehra. A planta *Strobilanthes urticifolia* é lavada com água de mesa para remover o pó das folhas da planta duas vezes e, em seguida, lavada três vezes com água destilada e cortada em pequenos pedaços, agitando e aquecendo até 50^0C durante 40 minutos num copo de 600 ml, utilizando água destilada. O extrato filtrado é centrifugado durante 40 minutos, com 4000 rotações por minuto (RPM). Quando o extrato se apresenta límpido e preparado, o seu pH é de 7, ou seja, neutro.

2.5Síntese de nanopartículas de cobalto

Lavar todos os aparelhos laváveis com uma solução de ácido nítrico a 10% seguida de água destilada e secar no forno micro-ondas a 120^0C, pesar o cloreto de cobalto [II] hexa-hidratado com base no cálculo mili-mol (0.7135g de precursor) em 100 ml de água destilada, a solução de cloreto de cobalto é agitada a 4000 (RPM) e aquecida à temperatura ambiente durante 10 minutos para dissolução completa do sal, dando cor rosa quando o sal é completamente dissolvido em H_2O destilado, adicionei extrato de planta 20 ml, novamente agitação contínua a 4000 (RPM) durante uma hora. Quando os precipitados não se formam, isso mostra que as nanopartículas de cobalto não se formam em meio ácido, pois o meio é transformado em básico a 9 PH, os precipitados são formados, alteram uma hora de agitação contínua e aquecimento à temperatura ambiente, colocam-no para sedimentação do precipitado, os cloretos e outras substâncias solúveis em água são removidos usando uma seringa, o precipitado sedimentado é recolhido e novamente adicionado de água desionizada para lavagem do produto resultante, o processo é repetido quatro vezes. Finalmente, o produto seco é completamente seco em estufa durante 24 horas, moído em pó fino e embalado para análise em gotas. O sistema completo, os precipitados de cobalto e a solução de cloretos são mostrados na fotografia seguinte (fig. 2.1)

Figura 2.1. Fotografia experimental

2.1 Síntese de nanopartículas de cobalto dopadas com estanho.

Para um por cento (1%) de dopagem de nanopartículas de cobalto, primeiro 0,3 g de óxido de cobalto (nanopartículas) são dispersos em água desionizada por agitação contínua à temperatura ambiente, quando o óxido de cobalto está completamente disperso em H_2O desionizado, adicionou-se 0.004g de cloreto de estanho [II] di-hidratado de acordo com o cálculo, agitando novamente durante quatro horas e, em seguida, colocando a solução para estabilizar até 24 horas, quando as partículas dispersas estão completamente estabilizadas no copo, a água é removida utilizando uma seringa limpa, lavando o produto sedimentado com água desionizada 4 vezes e, finalmente, secando os produtos resultantes no forno de secagem durante 24 horas, embalados para caraterização.

2.2 Técnicas de caraterização utilizadas para este processo

As seguintes caracterizações são utilizadas para a síntese de nanopartículas de cobalto por via verde, espetroscopia UV-visível, espetroscopia de infravermelhos com transformada de Fourier (FTIR), microscopia eletrónica de varrimento (SEM).

2.7.1 Espectroscopia UV-visível

A espetroscopia UV/Vis é utilizada por rotina na química analítica para a determinação quantitativa de diferentes analitos, tais como iões de metais de transição, compostos orgânicos altamente conjugados e macromoléculas biológicas. A análise espectroscópica é normalmente efectuada em soluções, mas os sólidos e os gases também podem ser estudados para compostos inorgânicos As soluções de iões de metais de transição podem ser coloridas (isto é, absorver luz visível) porque os electrões d dentro dos átomos de metal podem ser excitados de um estado eletrónico para outro. A cor das soluções de iões metálicos é fortemente afetada pela presença de outras espécies, como certos aniões ou ligandos. Por exemplo, a cor de uma solução diluída de sulfato de cobre é um azul muito claro, a adição de amoníaco intensifica a cor e altera o comprimento de onda de absorção máxima (λ_{max}). Um espetro completo da absorção em todos os comprimentos de onda de interesse pode muitas vezes ser produzido diretamente por um espetrofotómetro mais sofisticado. Em instrumentos mais simples, a absorção é determinada um comprimento de onda de cada vez e depois compilada num espetro pelo operador. Ao remover a dependência da concentração, o coeficiente de extinção (ε) pode ser determinado em função do comprimento de onda.

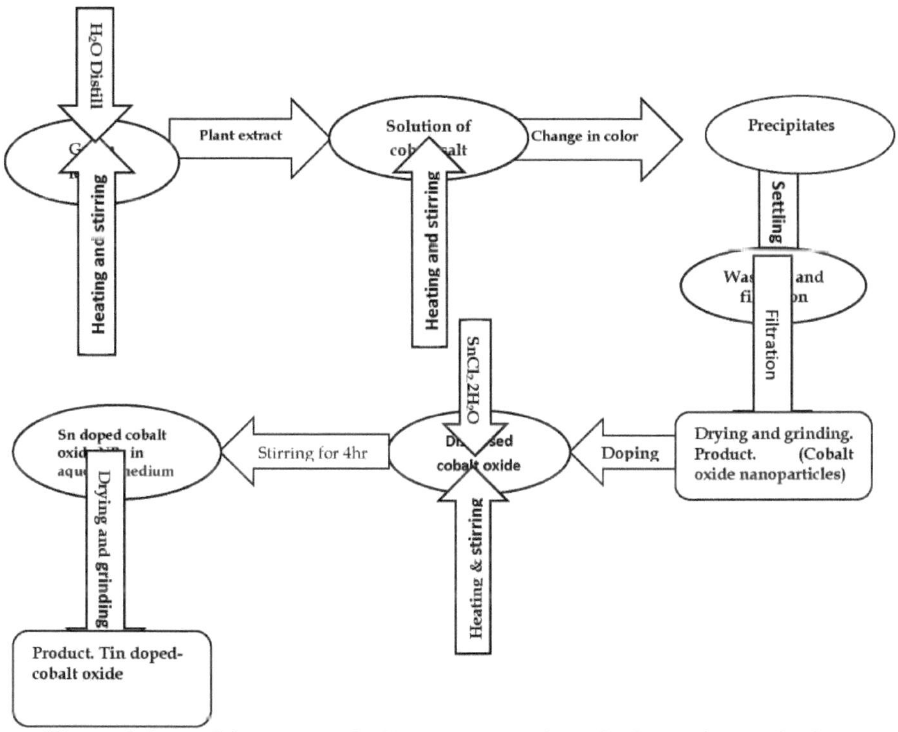

Figure 2.2. Diagrammatically representation of schematics method.

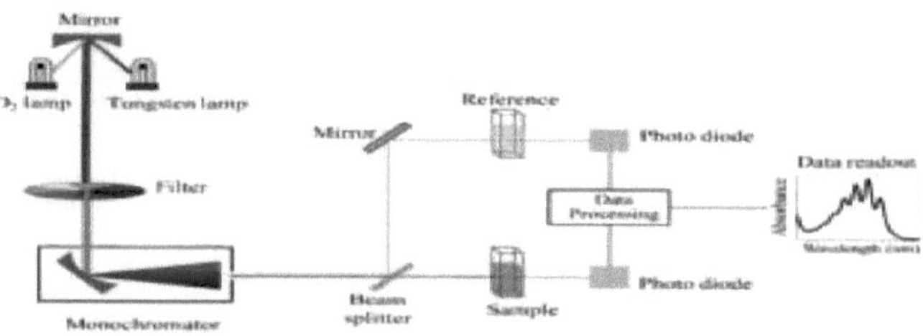

Figura 2.3. Diagrama esquemático da espetroscopia UV-visível

2.7.2 Espectroscopia de infravermelhos (espetroscopia de infravermelhos ou espetroscopia vibracional)

A espetroscopia FTIR é a espetroscopia que lida com a região infravermelha do espetro eletromagnético, ou seja, a luz com um comprimento de onda mais longo e uma frequência mais baixa do que a luz visível. Abrange uma série de técnicas, baseadas principalmente na espetroscopia de absorção. Tal como acontece com todas as técnicas espectroscópicas, pode ser utilizada para identificar e estudar substâncias químicas. Para uma dada amostra, que pode ser sólida, líquida ou gasosa, o método ou técnica de espetroscopia de infravermelhos utiliza um instrumento chamado espetrómetro de infravermelhos (ou espetrofotómetro) para produzir um espetro de infravermelhos. Um espetro de infravermelhos básico é essencialmente um gráfico de absorção (ou transmitância) de luz infravermelha no eixo vertical versus frequência ou comprimento de onda no eixo horizontal. As unidades típicas de frequência utilizadas nos espectros de IV são centímetros recíprocos (por vezes chamados números de onda), com o símbolo cm^{-1}. As unidades de comprimento de onda IR são normalmente dadas em micrómetros (anteriormente designados por "microns"), símbolo gm, que estão relacionados com os números de onda de forma recíproca. Um instrumento de laboratório comum que utiliza esta técnica é um espetrómetro de infravermelhos com transformada de Fourier (FTIR). O infravermelho bidimensional também é possível, como se verá mais adiante. A parte infravermelha do espetro eletromagnético é geralmente dividida em três regiões, o infravermelho próximo, médio e distante, designadas pela sua relação com o espetro visível. O infravermelho próximo de energia mais elevada, aproximadamente 140004000 cm^{-1} (comprimento de onda de 0,8-2,5 gm) pode excitar vibrações harmónicas ou de sobretons. O infravermelho médio, aproximadamente 4000-400 cm^{-1} (2,5-25 gm), pode ser utilizado para estudar as vibrações fundamentais e a estrutura rotacional-vibracional associada. O infravermelho distante, aproximadamente 400-10 cm^{-1} (25-1000 gm), adjacente à região das micro-ondas, tem baixa energia e pode ser usado para espetroscopia rotacional. Os nomes e as classificações destas sub-regiões são convenções e baseiam-se apenas vagamente nas propriedades moleculares ou electromagnéticas relativas.

Figura 2.4. Diagrama esquemático do **FTIR**

2.7.3 Microscópio eletrónico de varrimento (SEM)

O MEV é um tipo de microscópio eletrónico que produz imagens de uma amostra através do seu varrimento com um feixe focalizado de electrões. Os electrões interagem com os átomos da amostra, produzindo vários sinais que contêm informações sobre a topografia e a composição da superfície da amostra. O feixe de electrões é geralmente varrido num padrão de varrimento raster, e a posição do feixe é combinada com o sinal detectado para produzir uma imagem. O MEV pode atingir uma resolução superior a 1 nanómetro. As amostras podem ser observadas em alto vácuo, em baixo vácuo, em condições húmidas (em MEV ambiental) e a uma vasta gama de temperaturas criogénicas ou elevadas.

O modo mais comum de SEM é a deteção de electrões secundários emitidos por átomos excitados pelo feixe de electrões. O número de electrões secundários que podem ser detectados depende, entre outras coisas, do ângulo em que o feixe encontra a superfície da amostra, ou seja, da topografia da amostra. Ao varrer a amostra e recolher os electrões secundários emitidos utilizando um detetor especial, é criada uma imagem que mostra a topografia da superfície

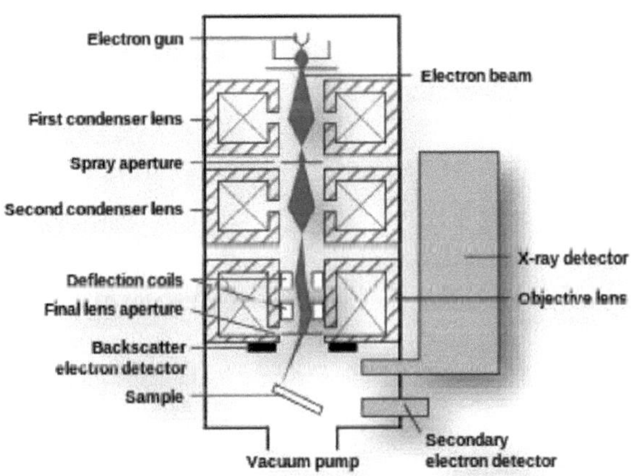

Figura 2.5 Instrumentação do SEM

CAPÍTULO 3

Resultados e discussões

As nanopartículas de cobalto atraem demasiada atenção devido às suas diversas aplicações em tecnologia de dispositivos, aplicações médicas, aplicações catalíticas e muitas outras aplicações industriais. O óxido de cobalto (II) é utilizado há séculos como agente corante em cerâmica cozida em forno. O aditivo proporciona uma tonalidade profunda de azul, denominada azul cobalto. Também é utilizado no vidro azul-cobalto. 0.7135g de cloreto de cobalto (II) hexa-hidratado dissolvido em 50 ml de água destilada, quando o sal está completamente dissolvido, adicionam-se 20 ml de extrato de plantas que alteram a cor rosa claro para rosa escuro, o pH da solução era 6, que era muito ligeiramente básico, Assim, após 1 hora, não apareceu nenhum precipitado no copo, o que indica que as nanopartículas de cobalto não se formam em meio ácido, pelo que o meio é alterado para um pH básico até 9 e o processo é reiniciado da mesma forma, mas apenas o (pH) da solução é alterado para 9.

Após uma hora de agitação e aquecimento contínuos, são colocados para sedimentar precipitados verdes; quando os precipitados estão completamente sedimentados, retira-se a água e lava-se com água destilada quatro vezes; o produto resultante é seco em estufa durante 24 horas; quando o processo de desidratação está completo, a substância sólida de cor verde (óxido de cobalto) é triturada em pó fino. O objetivo deste trabalho é a síntese de nanopartículas de cobalto por via verde, que é o processo de baixo custo e não tóxico.

O segundo passo é a síntese de nanopartículas de cobalto dopadas com estanho, é utilizado o sal precursor do estanho ($SnCl_2 .2H_2 O$), no processo de dopagem 0,3g de óxido de cobalto (nanopartículas) são dispersos em água desionizada e, em seguida, adiciona-se 0,0057g de $SnCl_2 .2H_2 O$, continuamente agitado a 4000 rpm e aquecido à temperatura ambiente durante 4 horas, a reação é parada e colocada a solução para sedimentação quando as partículas dispersas estão completamente sedimentadas a água é removida, novamente 100ml de água desionizada é adicionada e removida o processo continuou quatro vezes, o produto final é seco em estufa durante 24 horas e depois embalado a amostra em pingos de água. O objetivo da dopagem era compreender a síntese de nanopartículas de cobalto dopadas com estanho, os seus estudos morfológicos, estudos geométricos, diferenças entre nanopartículas de cobalto dopadas com Ti e nanopartículas de cobalto não dopadas. Algumas propriedades físicas do produto resultante.

3.1 Caracterização de nanopartículas de óxido de cobalto

As nanopartículas de cobalto preparadas foram caracterizadas por espetroscopia ultravioleta e visível (espetroscopia UV-visível), (FTIR), microscópio eletrónico de varrimento (SEM).

3.1.1 Espectroscopia UV-Visível

A solução aquosa de $CoCl_2 .6H_2 O$ forma uma solução de cor rosa claro devido à formação de iões de cobalto (II) hexa-aquosos de fórmula $[Co (H_2 O)_6]_2$. Agora, na presença de $NH_4 OH$, reage e forma o complexo $[Co (H_2 O)_5 (OH)]$ ou $[Co (H_2 O)_4 (OH)_2]$, que é de cor verde-azulada clara (como se mostra na figura 3.1, a) e tem uma forte tendência para precipitar. Mas na presença de extrato de plantas e aquecimento, o complexo reduz-se e produz NPs de CoO.

Tabela 3.1. Algumas propriedades físicas das NPs de cobalto

1	Solubilidade	São insolúveis em água
2	Aparência	Pó para as costas.
3	Derrete	<600
4	Encomendar	Assistentes de mesa

Figura.3.1. Solução aquosa de ião cobalto (II).

Espectros UV-Vis do processo de síntese. A solução aquosa de Co (II) de cor rosa claro tem uma banda de absorção a 514 nm devido à curva do espetro de transferência de carga do ligando para o metal (fig. 3.2) (Miskowski et al., 1976).

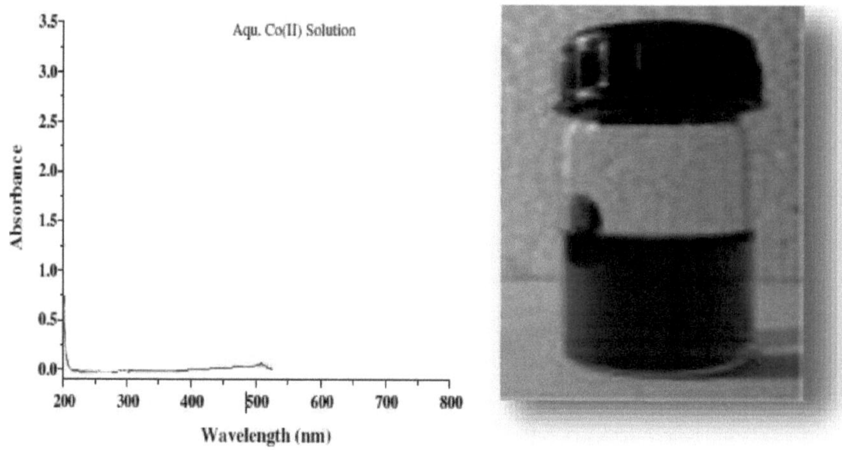

Figura 3.2. Curva de absorção de cobalto em espetroscopia UV-visível e solução do lado direito das nanopartículas de cobalto dissolvidas.

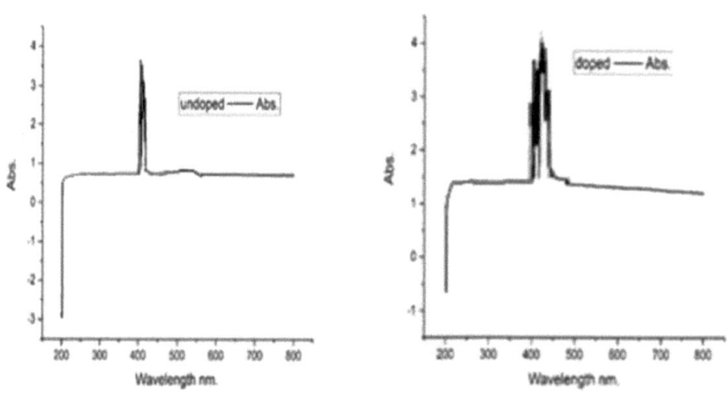

Figura: 3.3 Espectros UV-visível das nanopartículas de cobalto dopadas e não dopadas.

Mas, através da síntese ecológica de nanopartículas de cobalto para a sua espetroscopia UV-visível, o pó fino preto é dissolvido em meio ácido e o solvente dissolvido é tomado como amostra de referência na espetroscopia UV-visível. Na espetroscopia de UV-visível, as nanopartículas de cobalto são absorvidas nas seguintes regiões, que são apresentadas nas figuras 3.3, nanopartículas de cobalto dopadas e não dopadas.

3.1.2 Análise de espetroscopia de infravermelhos com transformada de Fourier (FTIR)

A presença de alguns grupos funcionais foi revelada pela análise espetral FTIR. O primeiro pico a 662 cm^{-1} é atribuído ao modo de vibração de estiramento de M-O em que M é Co^{2+} e está coordenado tetraedricamente. A banda a 581 cm^{-1} pode ser atribuída ao modo de vibração de estiramento de M-O em que M é Co^{3+} e, portanto, coordenado octaedricamente [Herrero *et al.,* 2007].

Como se pode ver na figura 3.3, a análise espetral (FTIR) das nanopartículas de cobalto não dopadas e dopadas com estanho e de outros grupos funcionais é apresentada de seguida. As bandas de 3200cm^{-1} a 3600cm^{-1} mostram o estiramento do grupo OH (codificado -OH), que pode ser o óxido de metal ou o grupo de estiramento hidroxilo (aglomerados), as nanopartículas de cobalto (óxido de metal) formam picos principalmente abaixo de 800cm^{-1}, principalmente na região da impressão digital, os picos entre 800cm^{-1} e 500cm^{-1} são os que significam os óxidos de metal, mas o pico a 614.65cm^{-1} confirmou a presença de nanopartículas de cobalto (óxido de cobalto), como mostra a figura 3.3(a). A figura 3.4(b) na região 520.41cm^{-1} mostra a presença de estanho, que é um agente dopante no óxido metálico (nanopartículas de cobalto dopadas com Sn).

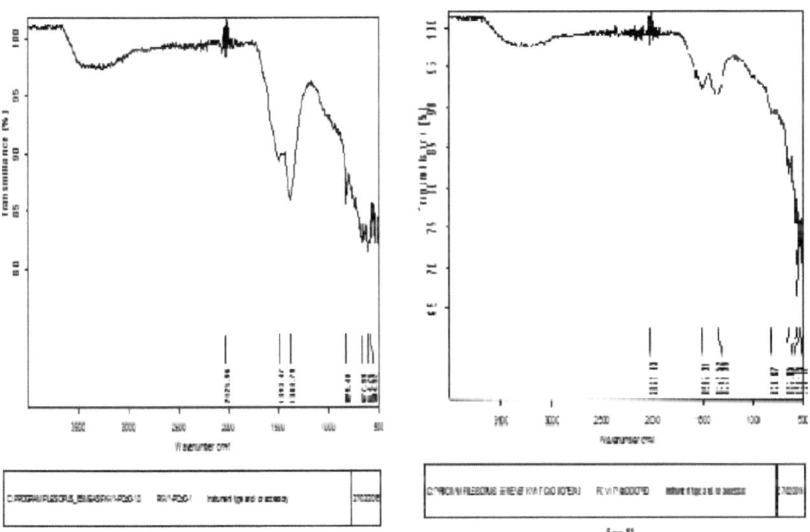

Figura: 3.4 (a) Nanopartículas de Co não dopadas (b) Nanopartículas de cobalto dopadas com estanho.

3.1.3 Análise Microscópica Eletrónica de Varrimento (SEM)

O nanopó preparado de nanopartículas de cobalto dopadas e não dopadas foi seco num forno de laboratório a 120°C durante 24 horas. As imagens SEM das nanopartículas de cobalto não dopadas são reveladas na figura 3(a) e a respectiva figura 3(b) é a imagem do cobalto dopado. As nanopartículas de Co não dopadas preparadas possuem uma estrutura hierárquica, uma esponja e uma morfologia irregular, mas na figura 3.2 (b) aparecem algumas nanopartículas de cobalto dopadas com estanho, com uma forma amorfa brilhante, e estas imagens nebulosas impostas mostram que se trata de nanopartículas de cobalto dopadas com estanho. As imagens SEM das nanopartículas não dopadas (a), dopadas com estanho (b) e as imagens SEM ampliadas (c) e (d) são apresentadas de seguida.

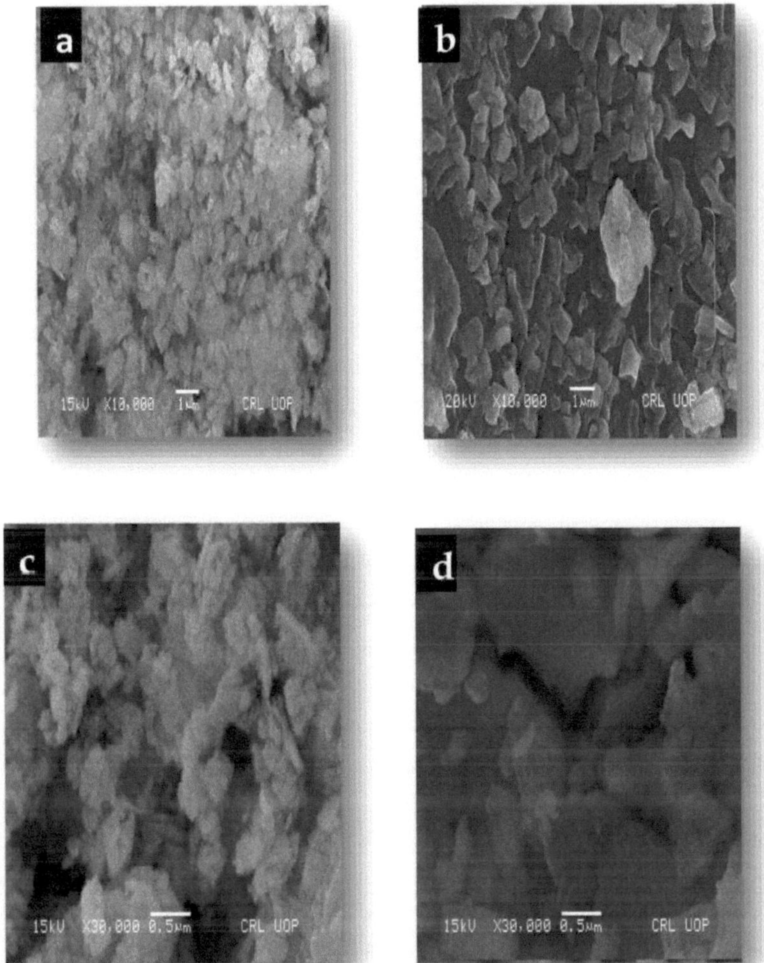

Figura: 3.2 (a) Imagem SEM de nanopartículas de cobalto não dopadas (b) Imagens SEM de nanopartículas de cobalto dopadas, (c) e (d) são imagens de maior ampliação da mesma amostra.

CONCLUSÃO

As nanopartículas de cobalto foram preparadas com sucesso por processo biogénico a partir de plantas, que são matérias-primas baratas e não perigosas. As nanopartículas foram intensamente caracterizadas por diferentes técnicas físicas analíticas, por exemplo, espetroscopia UV-visível (UV-visible spectroscopy), microscopia eletrónica de varrimento (SEM) e espetroscopia de infravermelhos com transformada de Fourier (FT-IR). O extrato da planta (Strobilanthes urticifolia), como agente redutor, foi colhido das folhas verdes e o hidróxido de amónio (NH_4OH) foi utilizado para alterar o meio. Para efeitos de dopagem, também se utilizou sal de estanho ($SnCl_2.2H_2O$), que são ingredientes baratos. As nanopartículas de cobalto sintetizadas, não dopadas e dopadas, foram intensamente caracterizadas por diferentes técnicas analíticas, por exemplo, espetroscopia UV-visível (UV-vis), espetroscopia de infravermelhos com transformada de Fourier (FTIR), microscopia eletrónica de varrimento (SEM).

Foram estudadas nanopartículas de cobalto simples e estruturas de cristalitos dopados com estanho. As imagens SEM das nanopartículas de cobalto dopadas com estanho e das nanopartículas de cobalto não dopadas foram aplicadas com êxito para determinar a dopagem de estanho, bem como de óxidos metálicos amorfos (nanopartículas de óxido de cobalto). O tamanho das nanopartículas de cobalto é de 0,5 micro metros e o tamanho das nanopartículas de cobalto dopadas é de 0,5 micro metros, mas a imagem SEM de 3.2 (b) em cor brilhante centrada, evidenciou a presença de Sn (nanopartículas de cobalto dopadas com estanho) e também mostrou o seu resultado de maior ampliação, que elucida o estabelecimento de nanopartículas de cobalto, incluindo nanopartículas, alguns outros componentes também estão presentes, estas quantidades mínimas de componentes são o produto resultante da via verde, que são notificadas por espetroscopia de infravermelhos com transformada de Fourier (FTIR) e espetroscopia de UV-visível, este tipo de ruído é devido à aglomeração.

A caraterização acima e à luz dos dados obtidos esclarecem que a formação de nanopartículas de cobalto e a técnica de dopagem.

REFERÊNCIAS

Agnihotri S A, N N Mallikarjuna, T M Aminabhavi, 2004. J Controlled Release 100, 5-28.

Ahmad N, Alam M K, Singh V N, Sharma S, 2009. Journal of Bionanoscience. 3, 97-104.

Anastas P T e J C Warner 1998. Green Chemistry, Theory and Practice Oxford University Press, Nova Iorque.

Anastas P T e J C Warner, 2004. Green Chemistry.

Andersson O, Hunderi CG, Granqvist J, 1980. Appl Phys. 51:754.

Asano S, M Sato, 1980. Appl Optics 19: 962-974.

Ballou B, B C Lagergolm, LA Ernst, M P Bruchez e AS Waggoner, 2004. Bioconjugate Chem. 15, 79-86

Beesley J E, 1985. Proc, R Microscop. Soc. 20: 187.

Begum N A, M.S.a.B.L.R.A, 2009. Mondal Colloids and Surface, Biointerfaces, 71: 113-118.

Bhojani M S, Van Dort M, Rehemtulla A, Ross B D, 2010. Imagiologia e terapia direcionadas do cancro do cérebro utilizando nanopartículas teranósticas, Mol Pharm, 7: 1921-1929.

Bucky tube properties and uses, Carbon Nanotechnologies Incorporated, Houston Texas, http://www.cnanotech. com/pages/

Burtscher H, Loretz S, Keller A, Mayer A, Kasper M, Artley R, Strasser R, Czerwinski J, 2007. Filtragem de nanopartículas para cabinas de veículos. Documentos Técnicos SAE. 2008, 01-0827.

Burtscher H, 2000. Caracterização das emissões de partículas ultrafinas de sistemas de combustão. SAE Technical Paper Series, 01: 1997.

Chang RK, TE Furtak, 1982. Surface Enhanced Raman Scattering. Nova Iorque: Plenum Press. (b) M Kerker, 1990. Selected Papers on Surface-Enhanced Raman Scattering. Bellingham, SPIE Optical Engineering. (c) PF Liao. In Ref. 32: 379-390. (d) M C Buncick, RJ Warmack, T C Ferrell, 1988. J Opt. Soc. Am. B. 4: 927.

Chen W, M Matsumoto e A Mulchandani, 2005. Número de subsídio da EPA, (829606), 2002.

Choi C Q, 1995 Sci. Am, 292: 2.

Deng Z, Chen M, Gu G, Wu L A, 2008. Método fácil para fabricar esferas ocas de ZnO e suas propriedades fotocatalíticas. Journal of Physical Chemistry, 16-22.

Diallo M S, L. Balogh e W A Goddard, 2002-2005. Número de subsídio da EPA, 829626.

Dijken A V, Meulenkamp E A, Vanmaekelbergh D, Meijerink A, 2000. Identificação da transição responsável pela emissão visível em ZnO utilizando efeitos de tamanho quântico. Journal of Luminescence, 90: 123-128.

Diretiva 2002. E do Parlamento Europeu e do Conselho, Jornal Oficial da União Europeia, 37, 19-23.

Duncan R, 2003. The dawning era of polymer therapeutics, Nat. Rev. Drug Discov, 2: 347-360.

Duran N, Seabra A.B, Nanopartículas de óxidos metálicos, 2012. Estado da arte em sínteses biogénicas e seus mecanismos. Appl. Microbiol. Biotechnol. 95: 275-288.

Comissão Europeia, Comunidade Europeia, 2004, http:// europa.eu.int/comm/health/ph_risk/events_risk_en.htm.

Eyles J E, V W Bramwell, J Singh, E D Williamson e H O Alpar J, Eyles Controlled Release, 86, 25-32.

Faraday M 1857, Philos Trans 147: 145.

Fleischmann M, PJ Hendra, AJ McQuillan, 1974. Chem. Phys. Lett. 26:163, (b) AJ McQuillan, PJ Hendra, M Fleischmann, 1975 J. Electroanal. Chem. 65:933, (c) JP Jeanmarie, RP van Duyne, 1977. Electroanal. Chem, 84: 1.

Regulamentação da FDA para produtos nanotecnológicos, http://www.fda. gov/nanotecnologia/regulamentação.html

Food Standards Australia New Zealand, 2000. http://www.foodstandard gov.au.

Future Technologies, Today's Choices, 2003. Greenpeace UK.

Gabe DR, 1978. Principles of Metal Surface Treatment and Protection. Oxford Pergamon, 2.

Gehrig R, Hill M, Lienemann P, Zwicky Ch, Bukowiecki N, Weingartner E, Baltensperger 41: 923-933.

Goad DGW, M Moskovits. J. 1978. Appl Phys, 49: 2929,

Princípios do ouro, 1989. Methods, and Applications. San Diego, Academic Press, 1.

Graham-Rowe D, 2005. New Sci, 7.

Gratzel M, 1983. Recursos energéticos. Through Photochemistry and Catalysis. New York: Academic Press.

Gupta A. J e M. Gupta, 2005. Biomaterials, 26, 3995 4021.

Gupta A.K, Gupta M, 2005. Supressão da citotoxicidade e aumento da absorção celular de nanopartículas magnéticas modificadas à superfície. Biomaterials, 26: 15651573.

Handley D A, 1989, In MA Hayat, ed. Colloidal Gold. San Diego: Academic Press, 1.

Hartgerink J D, E Beniash e S I Stupp, 2001 Science. 294:1684-1688Hayat MA, Colloidal

HB Weiser, 1933. Inorganic Colloid Chemistry. New York: Wile, 1.

Herrero M, Benito F M, Labajos V, 2007.Rives, Catal. Hoje 128 129.

Henglein A, 1988. Top. Curr. Chem, 143: 113.

Hoet P H. M, I. Bru" ske-Hohlfeld e O V Salata, 2004. J Nanobiotechnol

Huang J, Chen C, He N, Hong J Lu, Ym, Qingbiao L, Shao W, Sun D, Wang, Huang M, E Khor e L. Lim, Pharm. Res., 2004, 21, 344-353.

Hughes G A, Nanomedicina: Nanotech. Biol. Med., 2005, 1, 22-30. 2.

Ingale AG, Chaudhari AN, 2013. Síntese biogénica de nanopartículas e potenciais aplicações: Uma abordagem amiga do ambiente. J. Nanomed. Nanotechol. 4:1-7.

Introduction to Nanotechnology, ed C P Poole e F J Owens, 2003. Wiley, Hoboken, Nova Jersey.

Janes K A, M P Fresneau, A Marazuela, A Fabra e M L Alonso, 2001 J. Controlled Release, 73, 255-267.

Jose-Yacaman M, L Rendon, J Arenas, 1996. MCS Puche. Science. 273: 223.

Joy B, Why the future doesn't need us, 2000, http://www.wired.com/wired/archive/8.04/joy_pr.html.

Kirchner C, T Liedl, S Kudera, T Pellegrino, A M Javier, H E Gaub, S Sto lzle, N Fertig e W J Parak, 2005. Nano Lett. 5, 331-338.

Kittelson DB, 1998. Motores e nanopartículas uma revisão. J Aerosol Sci. 29: 57558.

LaVan D A, T McGuire e R Langer, 2003. Nat Biotechnol, 10, 1184-1191.

Lee L, Seddon G, F Stephens, 1976. Stained Glass. New York: Crown.

Lesniak, MS, Upadhyay U, Goodwin R, Tyler B, Brem H, 2005. Localdelivery of doxorubicin for the treatment of malignant brain tumors in rats, Anticancer Res., 25: 3825-3831.

Li M, Bala H, Lv X, Ma X, Sun F, Tang L, Wang Z, 2007. Síntese direta de Liu Y, C Lin, H Li e H Yan, 2005. Angew Chem Int. Ed, 44: 4333 4338.

Lorenzo R, Steinle P Grobety B, Kagi R, 2008. Alargamento dos procedimentos de avaliação de situações de exposição a partículas ultrafinas em ambientes de trabalho.

Lucasa E Mand K J Klabunde, 1999. Nanostruct. Mater, 12, 179-182.

Mao H Q, K Roy, V L Troung, Le, K A Janes, K Y Lin, Y Wang, J TAugust e K W Leong, 2001. J Controlled Release, 70, 399-421.

Masciangioli T, Zhang W, 2003. Environ Sci. Technol, 37:102 A-108. Maxwell-Garnett JC, 1904. Philos. Trans Rch Soc. A, 203: 385.

Maynard AD e Kuempel ED, 2005. Airborne nanostructured particles and occupational health (Partículas nanoestruturadas transportadas pelo ar e saúde ocupacional). J Nanoparticle Res, 7: 587-614.

Mc Donald S A, G Konstantatos, S Zhang, P W Cyr, E J D Klem, L Levina e E H Sargent, 2005. Nat. Mater, 4: 138-142.

Mehlman F, 1983. Phaidon Guide to Glass. Englewood Cliffs: Prentice-Hall.

Meier M, A Wokaun, 1983. Optics Lett, 8: 851. (b) E J Zeman, GC Schatz, 1987. Phys. Chem. 91:634. (c) PW Barber, RK Chang, H Missouri, 1983. Phys Rev, 27: 7251.

Mie G, Ann, 1908. Física, 25: 377.

Moghimi S M, A C Hunter e J C Murray, Fed Am, 2005. Soc Exp Biol J, 19: 311 327.

Nanopartículas de ZnO monodispersas numa solução aquosa. Cartas dos Materiais, 61: 690-69

Moore NH, 1935. Old Glass. Nova Iorque: Tudor.

Moskovits M, 1978. J Chem. Phys, 69: 4159.

Murphy W L. e D J Mooney, Nat, 2002. Biotechnol, 20: 30-31.

Nagaveni K, G Sivalingam, M S Hegde e G Madras, 2004. Environ Sci Techno. 38, 1600-1604.

Nanoscience and nanotechnologies, 2004. Opportunities and uncertainties, The Royal

Society and the Royal Academy of Engineering UK, http : //www.nanotec.org.uk/finalreport.htm

Nanomaterials Mark, Um risco para a saúde no trabalho. Actas do 1º Simpósio Internacional sobre as Implicações dos Nanomateriais na Saúde Ocupacional,

Nanoparticles Using Actinomycetes for Antibacterial Food Packaging, Conferência Internacional sobre Nutrição e Ciências Alimentares 39: 195-199.

Nanotechnologies A Preliminary Risk Analysis on the Basis of a Workshop organizedin Brussels on 2004, by the Health and Consumer Protection Directorate of the General.

Nel A, Xia T, Madler L, Li N, 2006. Toxic potential of materials atthenanolevel. Science, 311: 622-627.

Niklasson GA, 1988. Solar Energy Mater, 1: 217.

Nutralease Ltd., Israeli Life Science Industry, 2005, http www.ilsi.org.il/companies life science company.asp?ID=545 J D Badji, V. Balzani, A. Credi, S. Silvi e J. F. Stoddart, Science, 2004, 303, 1845-1849.

Oberdo G rster E, Oberdo rster e Oberdo J, 2005. Environ Health Perspect, 113: 823-839.

Oil Fresh 21000, dispositivo catalítico antioxidante, Oil Fresh Corporation, http ://www.oilfresh.com/of1000. html.

Ozin GA, SA Mitchell. Angew, 1983. Chem, Int Ed Engl, 22: 674. (b) MD Morse, 1986. Chem Rev, 86: 109. (c) BK Teo, KA Keating, YH Kao J Am, 1987. Chem Soc 109: 3494.

Pantarotto D, R Singh, D McCarthy, M Erhardt, J P Briand, M Prato, K Kostarelos e A Bianco, 2004. Angew. Chem, Int. Ed, 43, 5242-5246.

Panyam J e Labhasetwar V, Biodegradable nanoparticles for drug and gene delivery to cells and tissue Adv Drug Deliv Rev, 55: 329-347.

Parasharu K, S.a.S.A, Síntese Bioinspirada de Nanopartículas de Prata. Digest Journal of Nanomaterials and Biostructures, 4: 159-166.

Pease R, 2005. BBC News.

Practice, Oxford University Press, 1998. Nova Iorque.

Rai M, Yadav A, Gade A, 2008. Tendências actuais na fitosíntese de nanopartículas metálicas. Revisões Críticas em Biotecnologia, 277-284.

Rajamanickam U, Mylsamy P, Viswanathan S, Muthusamy P, 2012. Biossíntese de Zinco

Raveendran P, J Fu e S L Wallen, J Am, 2003. Chem Soc, 125, 13940-13941

Robinson AL, Donahue NM, Shrivastava MK, Weitkamp EA, Sage AM, Grieshop A-P, Lane TE, Pierce JR, Pandis SN, 2007. Rethinking organic aerosols, semivolatile emissions and photochemical ging. Sience, 315: 1259-12.

Roy K, Green synthesis of silver nanoparticles. Utilizando extrato de fruta de uva (vitis vinifera): Caracterização das partículas & Estudo da atividade antibacteriana. Tese de Mestrado, 2012.

Sangeetha G, Rajeshwari S, Venckatesh R, 2011. Síntese verde de nanopartículas de óxido de zinco por extrato de folha de aloe barbadensis miller: Estrutura e propriedades ópticas, Materials Research Bulletin, 46: 2560-2566.

Schmid G, 1992. Chem. Rev, 92: 1709.

Searle AB, 1919. The Use of Colloids in Health and Disease. Nova Iorque EP Dutton, Nova Iorque.

Seaton e K Donaldson, Lancet, 365, 923-924.

Sebastian P J e S A Gamboa, 2005. Sol Energy Mater Sol Cells, 88: 129-130.

Shankar S, Ahmad A, Sastry M, 2009. Biotechnology Progress. 19: 1627-1631

Shankar S, Rai A, Ahmad e Sastry M, 2004. Síntese rápida de nanopartículas de Au, Ag e Au bimetálico com núcleo e casca de Ag utilizando caldo de folhas de Neem (Azadirachtaindica). Journal of Colloid and Interface Science, 496-502.

Sharma V, Singh P, Pandey A K, Dhawan A, 2012. Indução de stress oxidativo, danos no ADN e apoptose no fígado de ratinhos após exposição oral subaguda a nanopartículas de óxido de zinco, Mutation Research, 745: 84- 91.

Shirsch L R, Stafford R J, Bankson J A, Sershen S R, Rivera B, Price R E, Hazle J D, Halas N J e West J L, 2003. Proc Natl Acad Sci U. S. A, 100: 13549-13554.

Silver S, Phung, L T Anal 1996. Rev Microbial, 50: 753-789

Os fenómenos de quantização de tamanho em partículas metálicas foram considerados pela primeira vez há quatro décadas, em 1958. Ver, M Doyle Phys Rev. 111: 1067.

Sobha K, Surendranath K e Meena V, 2010. Tendências emergentes em nanobiotecnologia. Biotechnology and Molecular Biology Reviews, 5: 001-012.

Stix G, 2003. Sci Am. 289: 2.

Stix G, 2004. Sci Am. 290:3.

Wang H X, Yiang Y X, 2007. Biossíntese de nanopartículas de prata e ouro por novas folhas de Cinnamomum cam- phora secas ao sol. Nanotecnologia, 18: 105-106.

Thakkar K N, Mhatre S S, et al, 2010. Síntese biológica de nanopartículas metálicas. Nanomed Nanotechnol. Biol Med 6: 257-262.

Thangaraj R, H Al Shabarty, OP Agnihotri, 1991. Thin Solid Films 195:33.

A página da nanotecnologia, Universidade de Tecnologia, Sydney: Instituto de investigação em nanoescala http ://www.nano. uts.edu.au/ nano.html.

Turner P 1987. History of Photography. Nova Iorque: Exeter.

Van de HC, Hulst, 1981. Light Scattering by Small Particles. New York: Dover.

Voura E B, Jaiswal J K, Mattoussi H e S M Simon, 2004. Nature Med, 10, 993998.

Wayt W W, 1999. Sci Am, 281: 1.

Willimas LP, 1971, The Selected Correspondence of Michael Faraday, London Cambridge University Press, 2.

Zhang WX, C B Wang e H L Lien, 1998. Catal Today, 40, 387-395.

Zink J, 2002. Revista da Universidade do Sul da Flórida, http:/ / www.usf.edu/hppic entry.html.

MIX
Papier aus verantwortungsvollen Quellen
Paper from responsible sources
FSC® C105338

Printed by Books on Demand GmbH, Norderstedt / Germany